ISW Forschung und Praxis

Berichte aus dem Institut für Steuerungstechnik
der Werkzeugmaschinen und Fertigungseinrichtungen
der Universität Stuttgart

Herausgeber: Prof. Dr.-Ing. G. Pritschow

Band 77

Gerhard Keuper

Automatisierte Identifikation der Streckenparameter servohydraulischer Vorschubantriebe

Springer-Verlag
Berlin Heidelberg New York
London Paris Tokyo 1989

D 93

Mit 61 Abbildungen

ISBN-13:978-3-540-51079-6   e-ISBN-13:978-3-642-83768-5
DOI: 10.1007/978-3-642-83768-5

Gesamtherstellung: Druckerei Kuhnle, Esslingen
2362/3020-543210

Geleitwort des Herausgebers

In der Reihe „ISW Forschung und Praxis" wird fortlaufend über Forschungsergebnisse des Instituts für Steuerungstechnik der Werkzeugmaschinen und Fertigungseinrichtungen der Universität Stuttgart (ISW) berichtet, das sich in vielfältiger Form mit der Weiterentwicklung des Systems Werkzeugmaschine und anderer Fertigungseinrichtungen beschäftigt. Die Arbeiten dieses Instituts konzentrieren sich im besonderen auf die Bereiche Numerische Steuerungen, Prozeßrechnereinsatz in der Fertigung, Industrierobotertechnik sowie Meß-, Regel- und Antriebssysteme, also auf die aktuellsten Bereiche der Fertigungstechnik. Dabei stehen Grundlagenforschung und anwenderorientierte Entwicklung in einem stetigen Austausch, wodurch ein ständiger Technologietransfer zur Praxis sichergestellt wird.

Die Buchreihe erscheint in zwangloser Folge und stützt sich auf Berichte über abgeschlossene Forschungsarbeiten und Dissertationen. Sie soll dem Ingenieur bei der Weiterbildung dienen und ihm Hilfestellungen zur Lösung spezifischer Probleme geben. Für den Studierenden bietet sie eine Möglichkeit zur Wissensvertiefung. Sie bleibt damit unter erweitertem Namen und neuer Herausgeberschaft unverändert in der bewährten Konzeption, die ihr der Gründer des ISW, der leider allzu früh verstorbene Prof. Dr.-Ing. G. Stute, im Jahre 1972 gegeben hat.

Der Herausgeber dankt der Druckerei für die drucktechnische Betreuung und dem Springer Verlag für Aufnahme der Reihe in sein Lieferprogramm.

G. Pritschow

<u>Vorwort</u>

Die vorliegede Arbeit entstand in einem Umfeld aktiver Zusammenarbeit und Kollegialität. Die gegenseitige Unterstützung, die ich während meiner Tätigkeit als wissenschaftlicher Mitarbeiter am Institut für Steuerungstechnik der Werkzeugmaschinen und Fertigungseinrichtungen der Universität Stuttgart, an dem diese Arbeit entstand, erlebt habe, hat wesentlich zu ihrem Gelingen beigetragen.

Dafür möchte ich mich an dieser Stelle insbesondere bei Herrn Professor Dr.-Ing. G. Pritschow, dem Direktor des Instituts, für seine wohlwollende Förderung, seine konstruktive Kritik sowie schließlich für die Übernahme des Hauptberichts bedanken.

Herrn Professor Dr.-Ing. A. Storr danke ich für die sorgfältige Durchsicht der Arbeit und seine wertvollen Vorschläge.

Für die Erstellung des Mitberichts danke ich herzlich Herrn Professor Dr.-Ing G. Lein.

Eine Vielzahl von Kolleginnen und Kollegen sowie Studenten haben mich bei den Untersuchungen und der Dokumentation unterstützt oder in fachlichen Diskussionen angeregt. Diesen sei ebenfalls herzlichst gedankt. Besonderer Dank gilt Herrn Dr.-Ing. M. Egner, Herrn Dipl.-Ing. R. Hagl, Herrn Dipl.-Ing. U. Eger sowie Frau Silvia Ernst.

Inhalt

<u>Formelzeichen und Abkürzungen</u>

Formelzeichen, die lediglich einmalig auftreten, sind an der entsprechenden Stelle erläutert und wurden nicht in das Verzeichnis aufgenommen.

<u>Abkürzungen</u>

		LS	Least-Squares-Methode (Methode der kleinsten Fehlerquadrate)
ADC	Analog-Digital-Wandler		
AP	Arbeitspunkt	MISO	Multiple-Input-Single-Output
DAC	Digital-Analog-Wandler	O...	Pseudorekursive Methode mit Orthogonaltransformation
1EM...3EM	1 ... 3. erweiterte Matrizen-Methode		
FQS	Fehler-Quadrat-Summe	PRBS	Pseudo-Rausch-Binär-Signal
IV	Instrumentelle-Variablen-Methode	R...	Rekursive Methode
LMS	Lagemeßsystem	SISO	Single-Input-Single-Output
		TP1, TP2	Testprozeß 1; 2

<u>Große Buchstaben</u>

A_1, A_2	Kolbenfläche 1, 2	$E(z)'$	Gleichungsfehler (z-Bereich)
$A(z^{-1})$	Nennerpolynom (z-Bereich)	$E(z)''$	Ausgangsfehler (z-Bereich)
A...F	Koeffizienten von Approximationspolynomen	$E(z)$	weißes Rauschen (z-Bereich)
$B(z^{-1})$	Zählerpolynom (z-Bereich)	$\underline{E}$	Fehlervektor
$C(z^{-1})$	Zählerpolynom des Störfilters	$E_{öl}$	Ersatzkompressionsmodul von ÖL
D	Dämpfungsgrad	F	Kraft
$D(z^{-1})$	Nennerpolynom des Störfilters	$F_{dyn,B}$	Modellfehler der Dynamik (betragslinear)
E	mittlerer Fehler	$F_{dyn,Q}$	Modellfehler der Dynamik (quadratisch)

Symbol		Symbol	
$F_{V,dyn}$	Modellfehler der dynamischen Verstärkung	T_0	Periodendauer
G	Übertragungsfunktion	T_{--}	Zeitkonstante
$\underline{I}$	Einheitsmatrix	$U(z)$	Eingangssignal (z-Bereich)
K	Konstante, Verstärkung	V	Verlustfunktion
N	Anzahl	$\underline{V}$	Verstärkungsfaktor
$\underline{P}$	Kovarianz-Matrix	V_{T1}, V_{T2}	Totvolumen 1, 2
P_{uy}	Polynom $y = f(u)$	$\underline{W}$	Hilfsvariablenmatrix
Q	Volumenstrom	$Y(z)$	Ausgangssignal (z-Bereich)
$R(z)$	Störsignal (z-Bereich)		
$\underline{S}$	Transformationsmatrix	$\underline{Z}$	Gewichtsmatrix
T	Abtastzeit		

Kleine Buchstaben

Symbol		Symbol	
a	spezifische Ventilöffnung	n	Modellordnung, Zählvariable
a_F	Führungsbeschleunigung		
$a_i...d_i$	Modellparameter	p	Druck
c_{ges}	Gesamtsteifigkeit	s	Laplaceoperator
c,s	Elemente der Transformationsmatrix $\underline{S}$	t	Zeit
		$u; \underline{u}$	Eingangssignal, -vektor, Stellgröße
d_N	Newton´scher Reibbeiwert		
e	Fehler	u_{PRBS}	Rauschsignalamplitude
$\underline{e}$	Fehlervektor	$\underline{w}$	Hilfsvariablenvektor
f	Frequenz	$x, \dot{x}, \ddot{x}$	Weg, Geschwindigkeit, Beschleunigung
$f(\ )$	Funktion		
$f_{K1...4}$	Approximationsfunktion 1...4	y_0	Steuerkantenüberdeckung
h	Kolbenhub	y	Ausgangssignal
i	Flächenverhältnis	z	Operator der z-Transformation
i, j	Zählvariable		
k	Zählvariable für Abtastschritt	z_{ij}	Elemente der Gewichtsmatrix $\underline{Z}$
m	Zählerordnung	Δr	Radialspiel
m_{red}	reduzierte Masse		

Griechische Buchstaben

$\underline{\Theta}$	Parametervektor	ε_{T--}	halber Totbereich
$\underline{\Psi}$	Meßmatrix	ε_{U--}	halbe Umkehrspanne
Δ	Änderung	η	Störpegel
α	Beiwert	λ_{PRBS}	PRBS-Taktzeit
β	Filterparameter	ν	Zählvariable
$\underline{Y}$	Gewichtungsvektor	ρ	Gewichtungsfaktor
δ	Abklingkonstante	$\rho_{\ddot{O}l}$	spezifische Dichte
ε_{--}	Fehlerwert		von Öl
$\varepsilon_{a--}, \varepsilon_{b--}$	Element des Fehler- vektors	$\underline{\psi}$	Meßvektor
		ω	Kreisfrequenz
		ω_0	Eigen ——"——

Mehrfach verwendete Indizes

0	stationärer Anteil	M	Modell
C	Coulomb´ sch	max	maximal
D	diskret	min	minimal
D_{ij}	Drossel, Blende	n	nichtlinear, Nenn
E	Endlage	N	Nominal
F	gefiltert	Öl	Öl
FQ	Strömungskraft	P	Prozeß
Fq	wegen Strömungskraft, linearisiert nach Q	p	bzgl. p
		Q	Strömungsgeschwindigkeit
Fy	wegen Strömungskraft, linearisiert nach y	$\dot{Q}$	Strömungsbeschleunigung
		$Q\dot{x}$	Strömungs~ , bedingt durch $\dot{x}$
ges	gesamt		
HM	Hilfsmodell	Qy	Strömungs~ , bedingt durch y
h	Kolbenhub		
i	Zählvariable	R	Reibung
ist	Istwert	R	Gesamtüberdeckungsbereich
j	Zählvariable	RC	Coulomb´ scher Reibanteil
K	Kolben	RN	Newton´ scher Reibanteil
L	Last	$R\dot{x}$	Rückwirkung , bedingt durch $\dot{x}$
MA	bzgl. gesamtem Modell (Adaptionsphase)	r	Störung
MS	bzgl. gesamtem Modell (Startphase)	red	reduziert
		soll	Sollwert

stat	stationär	y	bzgl. y
T	Totbereich	zul	zulässig
TP1, TP2	Testprozeß 1,Testprozeß 2	θA	bzgl. Schätzparameter in der Adaptionsphase
U	Umkehr		
u	kausal durch Eingangssignal	θS	bzgl. Schätzparameter in der Startphase
V	Ventilschieber		

<u>Sonderzeichen (hochgestellt)</u>

^	geschätzt, beobachtet	**	negative Verfahrrichtung bzw. Aussteuerung
´	kleine Abweichungen am Arbeitspunkt, Ersatz	*	Soll~, Bezugs~
T	transponiert	~	Hilfssignal
*	positive Verfahrrichtung bzw. Aussteuerung	+/-	positive/negative Verfahrrichtung

1   Einleitung

1.1   Problemstellung

Die Produktivität numerisch gesteuerter Arbeitsmaschinen (z.B. Werkzeugmaschinen) wird maßgeblich durch die dynamischen Eigenschaften der
an der Bewegungserzeugung beteiligten Antriebe bestimmt. Das fortwäh-
rende Streben nach weiterer Produktivitätserhöhung geht deshalb mit
der Weiterentwicklung der Antriebe und zugehöriger Regeleinrichtungen
einher. Servohydraulische Zylinderantriebe besitzen spezifische Vorteile:

* die hohe Kraftdichte,
* der konstruktiv einfache Aufbau,
* der geringe Einbauraum,
* die Robustheit gegen Überlast.

Sie weisen jedoch neben einer geringen Dämpfung spezifische nichtlineare
Eigenschaften auf /5,6,7,8,9/:

* die kolbenpositionsabhängige Steifigkeit der den Kolben
  einspannenden Ölsäulen im Zylinder,

* die vom Druckabfall quadratisch abhängige Durchflußcharakte-
  ristik öldurchströmter Steuerblenden,

* die Coulomb´sche Haft-Gleitreibung,

* die richtungsabhängige Verstärkung von Differentialzylindern,

* die Begrenzungen in Ventilschieberanstiegsgeschwindigkeit
  und Beschleunigungsvermögen des beaufschlagten Arbeitskolbens.

Zur Berücksichtigung dieser Nichtlinearitäten werden leistungsfähige
Regelverfahren benötigt. Zugleich ist für ein methodisches Vorgehen beim
Reglerentwurf die genaue Kenntnis der Systemeigenschaften unbedingte
Voraussetzung. Man erhält sie durch Identifikation des Antriebsmodells.

Servohydraulische Antriebe können heute mit den Entwicklungen problem-
spezifischer Regelverfahren der letzten Jahre /1,2,3/ sowie infolge weiterer Fortschritte und Kostenreduzierung bei mikroelektronischen Baue-
lementen zum Aufbau hochdynamischer und zugleich baulich überaus kompakter Vorschubantriebe oder auch Drehantriebe /4/ genutzt werden.

Im Lage- bzw. Geschwindigkeitsregelkreis werden dazu vorwiegend Regelverfahren, die im Zustandsraum arbeiten, eingesetzt. Den nichtlinearen Eigenschaften wird z.B. durch arbeitspunktabhängige (gesteuerte) Adaption der Reglerparameter oder aber durch Entkopplung nichtlinearer Streckenparameter begegnet. Nicht gemessene oder nicht meßbare Zustandsgrößen werden dabei durch ebenfalls parameteradaptierte Zustandsbeobachter rekonstruiert /3,10/. Bei meist nicht vernachlässigbarer Ventildynamik ist zur Realisierung vorgenannter Regelverfahren neben der eigentlichen Regelgröße die Erfassung und Rückführung der Ventilschieberposition notwendig.

Die Komplexität solcher Verfahren erfordert bei Beachtung der Wirtschaftlichkeit die Realisierung auf Basis eines Digitalrechners mit entsprechenden Prozeßschnittstellen in Form einer zeitdiskreten Abtastregelung. (Bild 1.1).

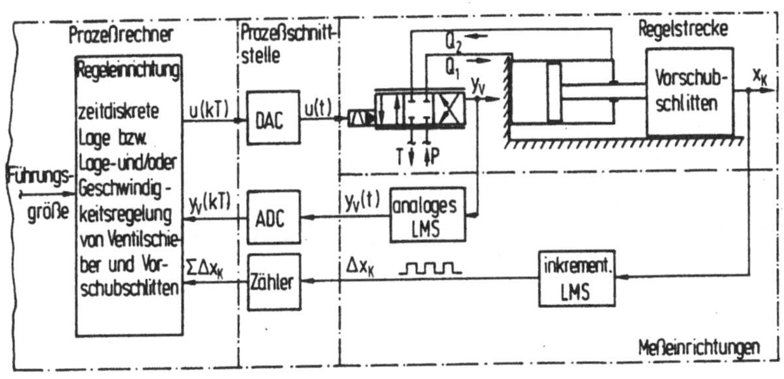

Bild 1.1: Aufbau und Signalfluß des Abtastregelkreises für servohydraulische Vorschubantriebe

Wegen der relativ geringen Masse hydraulischer Verdrängerelemente (z.B. des Arbeitskolbens) im Vergleich zur angetriebenen Masse des Antriebes (z.B. des Vorschubschlittens), der starken Abhängigkeit der Streckenparameter vom Systemdruck sowie der durch Fertigungstoleranzen bedingte Streuungen (z.B. Varianzen der Steuerkantenüberdeckung im Ventil, Reibwerte der Dichtpaarung zwischen Kolben und Zylinderwandlung) sind die dynamischen Eigenschaften des Antriebs maßgeblich durch die jeweiligen Bedingungen des Einsatzfalles mitbestimmt. Für eine optimale Auslegung der Regler- und Beobachterparameter muß folglich zumindest innerhalb der Inbetriebnahmephase der Maschine für jeden Einsatzfall erneut eine Bestimmung des parametrischen Prozeßmodells durchgeführt werden.

Die quantitative Ermittlung eines parametrischen Prozeßmodells (Prozeßidentifikation) erfordert bei konventioneller Vorgehensweise in der Regel einen speziellen Prüfstandsaufbau aus allein für diese Aufgabe zusammengestellten Meß- und Auswertegeräten /11/. Die Auswertung der Meßergebnisse erfolgt meist manuell, eventuell mit Rechnerunterstützung. Der Aufwand bei einer derartigen Vorgehensweise ist erheblich.

Andererseits sind betriebsfertige Antriebe für die Realisierung einer Lage- oder Geschwindigkeitsregelung vorgenannter Art bereits mit den dafür notwendigen Meßeinrichtungen zur Erfassung von Lage und/oder Geschwindigkeit und möglicherweise weiterer Meßgrößen (z.B. Ventilschieberposition) ausgestattet. Ein Prozeßrechner, je nach Konfiguration ein dem Antrieb zugeordneter Rechner oder auch ein Teil der numerischen Steuerung (NC-Steuerung) der Maschine, stellt die vorgesehene Regeleinrichtung dar. Damit sind die notwendigen hardwaremäßigen Voraussetzungen für eine automatisiert ablaufende Identifikation der Streckenparameter vorhanden. Es werden dann kein weiterer gerätetechnischer Aufwand und keine speziell für die Identifikation vorzunehmenden Veränderungen am Antrieb erforderlich, wenn diese allein auf Basis der ohnehin für den normalen Betrieb gemessenen Prozeßsignale (betriebsnatürliche Meßgrößen) und unter den Randbedingungen des betriebsfertigen Aufbaus durchgeführt werden kann. A priori vorhandene Kenntnisse zum grundsätzlichen Verhalten der jeweiligen Prozeß-Klasse, im vorliegenden Fall der Klasse servohydraulischer Vorschubantriebe, können sowohl in die Identifikationsstrategie als auch die Auswertung einfließen.

1.2 Stand der Technik

Die Entwicklung und industrielle Einführung neuer verbesserter Regelverfahren waren in den letzten Jahren vor allem durch die ständige Lei-
stungssteigerung der Rechner und in der Folge der Realisierung digitaler
Regler bedingt. Verfeinerte, problemspezifisch angepaßte Regelverfahren
erfordern jedoch auch zugleich einen vertieften Einblick in die statischen und dynamischen Eigenschaften der Regelsrecke.
Seit Beginn der 60er Jahre gewinnen deshalb numerische Verfahren zur
experimentellen Prozeßanalyse (Prozeßidentifikation) ständig an Bedeutung. Diese werden zunehmend sowohl zur einmaligen Ermittlung parametrischer Modelle aus den in der Regel störungsbehafteten Prozeßzeitsi-
gnalen als auch zur ständigen Nachführung des Modelles während des Be-
triebs zeitvarianter Prozesse z.B. als Bestandteil adaptiver Regler
eingesetzt. Letztere on-line-Anwendungen sind bisher wegen der vermin-
derten Zeitanforderungen vor allem bei verfahrenstechnischen Prozessen
vorzufinden. Im Bereich der Antriebsregelung an Arbeitsmaschinen, insbesondere Werkzeugmaschinen, sind on-line-Identifikationsvefahren nor-
malerweise nicht anwendbar. Zur Gewährleistung hinreichender dynamischer
Informationen in den Prozeßsignalen ist eine ständige Prozeßanregung
z.B. in Form eines dem Stellsignal überlagerten Anregungsrauschens notwendig. Dies würde jedoch zu einer unzulässigen Qualitätsbeeinträchti-
gung des erzeugten Produktes führen.
In der Inbetriebnahmephase von Antrieben gelten derartige Beschränkungen
nicht. Mit Zielsetzung der Prozeßidentifikation zur Inbetriebnahme
betriebsfertig aufgebauter Antriebe wurden bereits einige Arbeiten
durchgeführt. In /12/ wird beispielsweise über die Identifikation von
Mehrwalzenantrieben unter Verwendung mehrerer hierarchisch aufgebauter
Prozeß- und Auswerterechner und Anwendung von Least-Squares-Schätzver-
fahren berichtet. Auf Basis des Mikrorechners für die Lageregelung
und Entkopplung drehzahlgeregelter Asynchronmaschinen wird in /13/ die
Identifikation der Rotorzeitkonstanten mit Hilfe von Modellabgleichver-
fahren durchgeführt. Ein durchgängiges Inbetriebnahmeprogramm mit Least-
Squares-Parameterschätzung, Reglerentwurf und Reglersynthese, ebenfalls
auf Basis eines Mikrorechners für als lineare Übertragungsglieder angesetzte Gleichstromvorschubantriebe, wird in /14/ vorgestellt. Wenn auch
ganz unterschiedliche Anwendungsfälle behandelt werden, so ist doch al-

len Lösungen in vorgenannten Arbeiten gemein, daß sie für eine erfolgreiche Identifikation spezifische Vorkenntnisse zum jeweiligen Prozeß benötigen. Diese werden in Form eines speziellen Modellansatzes bei der Auswahl und der Anwendung geeigneter Identifikationsverfahren berücksichtigt. Die unmittelbare Übertragbarkeit anderweitig erarbeiteter Lösungswege auf die in dieser Arbeit vorliegenden Problemstellung ist deshalb nicht gegeben.

Zur Identifikation servohydraulischer Vorschubantriebe unter Prozeßrechnerunterstützung sind bis heute erst sehr wenige Vorarbeiten bekannt. Dies begründet sich vor allem durch den bisher fehlenden Bedarf nach verfeinerten Prozeßmodellen als Grundlage für die Reglersynthese, da im industriellen Einsatz bislang in der Mehrzahl einfache, proportional lagegeregelte Antriebe zu finden sind, die allein auf den "worst case" des Parameteränderungsbereiches optimiert werden. Erste Lösungsansätze zur Identifikation /15,16/ lassen die nichtlinearen Eigenschaften servohydraulischer Antriebe bei der Modellermittlung noch unberücksichtigt. Derart bestimmte parametrische Prozeßmodelle weisen jedoch schon eine weitaus bessere Übereinstimmung mit dem realen Prozeßverhalten auf, als die aufgrund empirischer Ansätze gewonnenen linearen Übertragungsfunktionen /15/.

Die Eignung von Pseudo-Rausch-Binärsignalen (PRBS) als Testsignal für hydraulische Antriebe wird in /7/ und in /17/ angeführt, wobei in beiden Arbeiten die Notwendigkeit einer prozeß-angepaßten Dimensionierung des Testsignals zur Minimierung nichtlinearer Effekte hervorgehoben wird.

Vom Verfasser der vorliegenden Arbeit wurde für die Identifikation servohydraulischer Vorschubantriebe wegen deren nichtlinearer Eigenschaften erstmals in /7/ die Notwendigkeit einer problemspezifisch angepaßten Vorgehensweise begründet. Als Lösungsweg wurde die Identifikation aus in ausgewählten Arbeitspunkten nach Kleinsignalanregung gewonnenen Signalverläufen mit linearem Modellansatz vorgeschlagen. Diese Vorgehensweise wird im folgenden in die Gesamtstrategie für eine umfassende Antriebsidentifikation einbezogen.

1.3 Aufgabenstellung

Die selbsttätige, prozeßrechnergestützte Identifikation servohydraulischer Vorschubantriebe als Teil einer automatischen Inbetriebnahme
unter den durch den betriebsfertigen Aufbau gegebenen Randbedingungen
ist Ziel der vorliegenden Arbeit. Meßtechnisch erfaßbar ist nur die sich
überlagernde, zeitlich veränderliche oder auch unveränderliche Wirkung
aller physikalischen Parameter auf das Ein-/Ausgangsverhalten des Antriebs. Allein durch Anwendung geeigneter Identifikationsstrategien und
Wahl günstiger Testsignale ist es möglich, statisches und dynamisches
Verhalten bei Klein- und Großsignalanregung gezielt zu separieren.

Die Auswertung der aus einer derartigen Prozeßanregung gewonnenen Signalverläufe umfaßt die Stufen:

I) Kennlinienmäßige -"nichtparametrische"- Darstellung der gemessenen Signalverläufe gegeneinander, über der Zeit oder nach Umrechnung durch Standardverfahren (z.B. Korrelations-, oder Fourier-
   analyse über einer entsprechenden Variablen des Bildbereiches).

II) Approximation verallgemeinerter -"parametrischer"- Modelle (z.B.
    Polynomapproximation statischer Kennlinien, Parameterschätzung
    dynamischer Prozeßmodelle, Frequenzgangapproximation).

III) Wertemäßige Berechnung physikalischer Parameter aus dem parame-
     trischen Modell unter Zugrundelegung a-priori bekannter physika-
     lischer Zusammenhänge.

Aus der theoretischen Modellierung servohydraulischer Vorschubantriebe
können deren charakteristische Eigenschaften und der Umfang der notwendigen experimentellen Analysen aufgezeigt werden (Kapitel 2).

Statische Kennlinien bilden die Grundlage für die Erfassung signifikan-
ter linearer und nichtlinearer Effekte und deren Ursachen. Neben der
Problematik einer automatischen Gewinnung sind die Methoden und die Leistungsfähigkeit einer rechnergestützten Modellapproximation statischer
Kennlinien zu untersuchen (Kapitel 3).

Eine Vielzahl unterschiedlicher oder auch ähnlicher Verfahren stehen zur
Identifikation dynamischer Prozeßmodelle zur Verfügung. Für die Auswahl

von im vorliegenden Anwendungsfall geeigneten Verfahren ist eine Bewertung unter anwendungsorientierten Kriterien vorzunehmen. Die schematisierte Anwendung erfordert die systematische Untersuchung von prozeß- und verfahrensbedingten Einflußgrößen und darauf aufbauend die Entwicklung algorithmierbarer Anwendungsregeln. Weiterhin sind quantitative Gütekriterien für identifizierte dynamische Prozeßmodelle zu definieren (Kapitel 4).

Die Leistungsfähigkeit ausgewählter Verfahren und der entwickelten Vorgehensweisen ist am realen Prozeß durch Vergleich mit den Ergebnissen aus konventionellen Analysen zu bewerten. Gegenüber der konventionellen, manuell durchgeführten Identifikation erlaubt die rechnergestützte Automatisierung erstmals präzise Analysen an prinzipiell beliebigen Punkten des Arbeitsraumes. Für die explizite mathematische Beschreibung des dynamischen Verhaltens im gesamten Arbeitsraum müssen die theoretische Modellierung und die experimentelle parametrische Identifikation verknüpft werden (Kapitel 5).

In einem automatischen Ablauf sollen die Teilanalysen sukzessive aufeinander aufbauen. Dafür ist eine Gesamtstrategie zu entwickeln und ein Konzept für die industrielle Umsetzung zu formulieren (Kapitel 6).

2   Aufbau und Modellierung servohydraulischer Vorschubantriebe

Jede effiziente experimentelle Analyse sollte möglichst alle bereits im Vorfeld bekannten Eigenschaften bei ihrer Ausführung berücksichtigen. Dazu ist zunächst die Klassifizierung des Prüflings und danach die Bereitstellung von Informationen über klassentypische Eigenschaften notwendig. Diese sind insbesondere im Hinblick auf die Automatisierung der Identifikation unmittelbar Grundlage für die Entwicklung geeigneter Vorgehensweisen und die Auswahl erfolgversprechender Analyseverfahren.

Die charakteristischen Merkmale der Klasse "servohydraulischer Vorschubantriebe" werden im folgenden ausgehend von der theoretischen Modellierung des statischen und dynamischen Verhaltens ihrer Teilkomponenten erklärt. Im Hinblick auf die Anwendung linearer Identifikationsverfahren wird eine arbeitspunktabhängige Linearisierung durchgeführt.

Infolge der zeitdiskreten Erfassung der Prozeßsignale bei der experimentellen Analyse auf Basis des zur Analyse und Regelung eingesetzten Prozeßrechners werden anschließend korrespondierende Beschreibungsformen und Umrechnungsvorschriften bei zeitkontinuiericher und bei zeitdiskreter Betrachtungsweise aufgezeigt.

Die Struktur eines drosselgesteuerten hydraulischen Antriebs läßt sich als hintereinandergeschaltete Übertragungsglieder für den Ventilschieber im Stetigventil (Servo- oder Proportionalventil) und den drosselgesteuerten Servozylinder darstellen. Die Meßgröße Ventilschieberstellung y_V ist Ausgangsgröße des ersten Übertragungsgliedes. Das zweite liefert als Ausgangsgröße die Kolbengeschwindigkeit $\dot{x}_K$. Durch die Ölströmung über die Steuerkanten des Ventils wirken Strömungskräfte auf den Ventilschieber ein und bewirken damit eine dynamische Rückwirkung der Kolbenbewegung auf das ansteuernde Ventil (Bild 2.1).

Die Systemgrenzen der Übertragungsglieder für Ventil und Servozylinder entsprechen bei dieser Betrachtungsweise nicht den Grenzen der Geräte, die ja über den Ölstrom miteinander verknüpft sind. Die Ölströmung

durch das Ventil ist lastdruckabhängig. Sie wird dem Übertragungsglied
für den Zylinder zugeschlagen.

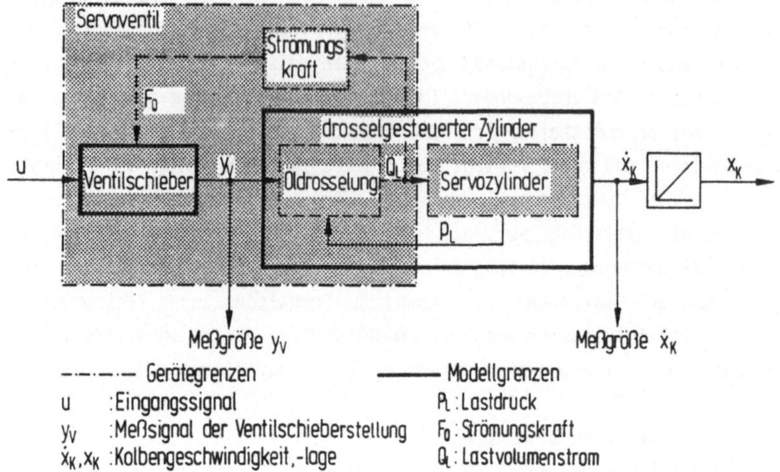

Bild 2.1: Signal- und Modellstruktur des hydraulischen Servoantriebs

2.1 Modellierung des drosselgesteuerten Zylinders

Zur Ansteuerung von Hydrozylindern in lageregelten Vorschubantrieben
werden üblicherweise Ventile mit einem symmetrischen 4-Kanten-Steuer-
schieber in der Hauptstufe eingesetzt. Sie werden am Konstantdrucknetz
betrieben. Im folgenden wird deshalb grundsätzlich von dieser Konfiguration ausgegangen.

Der Arbeitskolben treibt den Vorschubschlitten direkt, d.h. ohne zwischengeschaltete mechanische Übertragungsglieder, an (Bild 2.2).

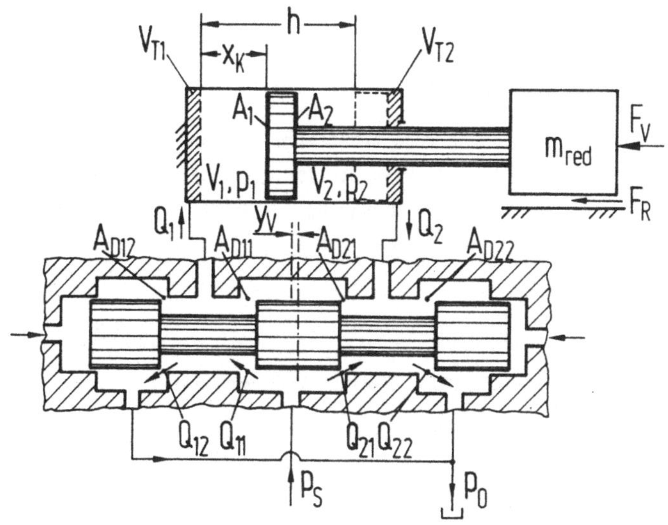

Bild 2.2: Schemaskizze des drosselgesteuerten Zylinders

$(Q_{ij}$:Drosselvolumenströme; p_1,p_2 :Kammerdrücke;

Q_1,Q_2 :Arbeitsvolumenströme; p_S,p_0 :Betriebs-,Tankdruck;

A_{Dij} :Strömungsquerschnitte)

Neben der Vorschubkraft F_V wird dabei die Reibkraft F_R mit

$$F_R = F_{RN} + F_{RC} \qquad \text{:Gesamtreibung} \qquad\qquad (2.1a)$$
$$F_{RN} = d_N \, \dot{x}_K \qquad\qquad \text{:Newton'scher Reibanteil} \qquad (2.1b)$$
$$F_{RC} = |F_{RC}| \, \text{sign}(\dot{x}_K) \quad \text{:Coulomb'scher Reibanteil} \qquad (2.1c)$$

überwunden.

2.1.1 Statisches Verhalten

Der funktionale Zusammenhang zwischen den Strömungsquerschnitten an den Steuerkanten des Ventilschiebers und der Ventilschieberstellung y_V ist durch die konstruktive Gestaltung jeder der vier Steuerkantenpaare vorgegeben. Üblich und sinnvoll ist deren symmetrische Ausbildung:

$$A_{D11}(y_V) = A_{D22}(y_V) = A_D(\,y_V) \qquad (2.2a)$$
$$A_{D12}(y_V) = A_{D21}(y_V) = A_D(-y_V) \qquad (2.2b)$$

wobei meist Nullüberdeckung angestrebt wird. Weiterhin wird, wie in der Praxis meist realisiert, außerhalb der positiven oder negativen Überdeckung ein proportionaler Zusammenhang zwischen Durchflußquerschnitt und Ventilschieberweg angenommen (<u>Bild 2.3</u>). Mit Einführung von

$$y_0 = y_{OP} \text{ bzw. } y_0 = y_{ON} \qquad (2.3)$$

kann der Durchflußquerschnitt $A_D(y_V)$ für die verschiedenen Überdeckungsvarianten verallgemeinert angeschrieben werden:

$$A_D(y_V) = \begin{cases} a\ (y_V-y_0) & \text{für } y_V \geq y_0 \\ 0 & \text{für } y_V < y_0 \end{cases} \qquad (2.4)$$

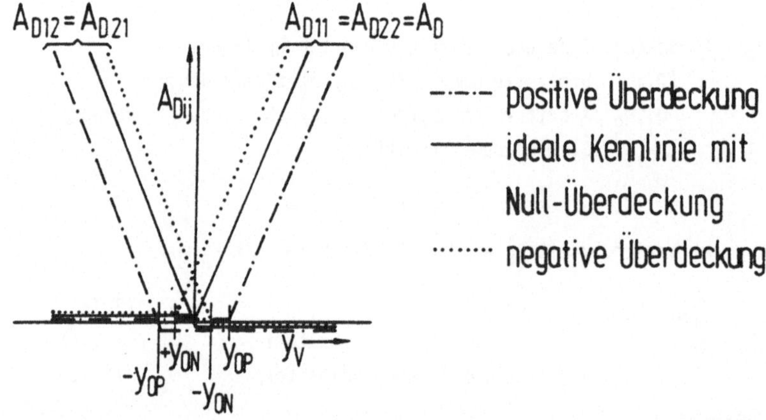

<u>Bild 2.3</u>: Durchflußquerschnitt in Abhängigkeit der Ventilschieberstellung an 4-Kanten-Stetigventilen

Das stationäre Verhalten des drosselgesteuerten Zylinders $\dot{x}_{K,0} = f_K$ $(y_{V,0};\ F_{V,0})$ resultiert maßgeblich aus dem Gleichgewichtszustand bei turbulenter Ölströmung an den Ventilsteuerkanten ("Quadratische Durchflußgleichung" /5, 21/) sowie aus der Ungleichheit der Kolbenflächen bei Differentialzylindern. Unter Vernachlässigung interner und externer

Leckagen des Arbeitszylinders ergibt sich außerhalb des Ventilüberdek-kungsbereiches $|y_{V,0}| > |y_0|$:

$$y_{V,0} > |y_0|: \quad \dot{x}_{K,0} = - \frac{d_N K_Q^{\prime \, 2}}{2A_1^{\;3}} \left(y_{V,0} - y_0 \right)^2 \qquad (2.5a)$$

$$+ \sqrt{\left(\frac{d_N K_Q^{\prime \, 2}}{2A_1^{\;3}} \right)^2 \left(y_{V,0} - y_0 \right)^4 + \left(p_S - \frac{|F_{RC}|}{A_1} - \frac{F_V}{A_1} \right) \frac{K_Q^{\prime \, 2}}{A_1^{\;2}} \left(y_{V,0} - y_0 \right)^2}$$

$$y_{V,0} < -|y_0|: \quad \dot{x}_{K,0} = + \frac{d_N K_Q^{\prime \, 2}}{2A_1^{\;3}} \left(-y_{V,0} - y_0 \right)^2 \qquad (2.5b)$$

$$- \sqrt{\left(\frac{d_N K_Q^{\prime \, 2}}{2A_1^{\;3}} \right)^2 \left(-y_{V,0} - y_0 \right)^4 + \left(p_S i - \frac{|F_{RC}|}{A_1} - \frac{F_V}{A_1} \right) \frac{K_Q^{\prime \, 2}}{A_1^{\;2}} \left(-y_{V,0} - y_0 \right)^2}$$

mit

$$i \quad = A_2/A_1 \quad \text{Flächenverhältnis} \qquad (2.6)$$

$$K_Q^{\prime} \quad = a \cdot \alpha_D \sqrt{2/\rho_{\ddot{O}l} (1 + i^3)} \; : \text{Ventilkonstante am} \qquad (2.7)$$
$$\text{drosselgesteuerten Zylinder}$$

$$\alpha_D \quad = \text{Durchflußbeiwert}$$

Den qualitativen Verlauf der Kolbengeschwindigkeit $\dot{x}_{K,0} = f_K(y_{V,0}, F_V =$ const.) zeigt __Bild 2.4__. Variante c entspricht den in der Realität meist anzutreffenden Kennlinien am nächsten. Deren Verlauf beruht neben der hier vorhandenen negativen Überdeckung auf nie ganz vermeidbarem Radial-spiel zwischen Ventilschieber und Gehäuse. Dieses Radialspiel bedingt zusätzlich zum axialen Versatz zugeordneter Steuerkantenpaare eine wei-tere Vergrößerung der negativen Überdeckung.

Da im Bereich der negativen Überdeckung vier Steuerkanten aktiv sind gegenüber zwei bei Variante b (bzw. null bei Variante a), ist hier die Steigung der Kurve deutlich größer. Im Falle der Ansteuerung eines Zylinders mit Gleichlaufkolben (i=1) ist sie gerade doppelt so groß wie bei Nullüberdeckung /5/. Die ebenfalls auftretende Totzone Δy_T bei c resultiert aus Coulomb´schen Reibanteilen und der nur endlich großen Druckverstärkung im Bereich negativer Überdeckung.

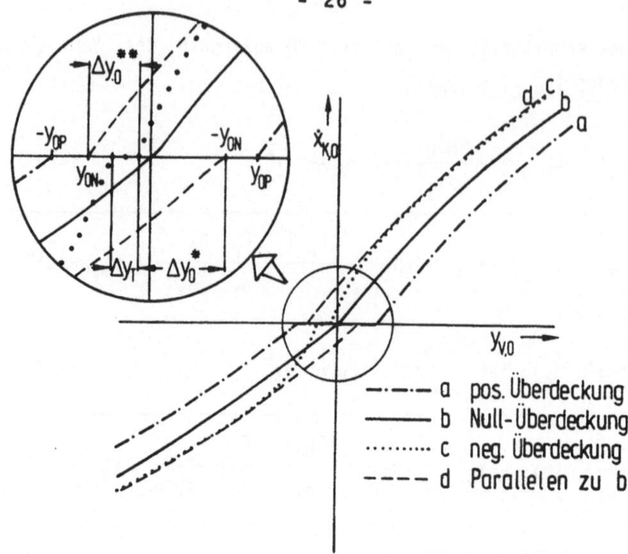

Bild 2.4: Statische Kennlinien drosselgesteuerter Zylinder (F_V = const.)

2.1.2 Dynamisches Verhalten

Das Übertragungsverhalten drosselgesteuerter Zylinder ist nichtlinear wegen der bereits genannten quadratischen Durchflußbeziehung sowie wegen der mit der Kolbenposition veränderlichen Steifigkeit der elastischen Ölsäulen beidseits des Kolbens. Die Linearisierung des Durchflusses Q_1 in Arbeitspunkten (AP) mit den Koordinaten $(y_{V,0};\ \dot{x}_{K,0})$

$$Q_1 = Q_{1,0} + Q_1' = Q_{1,0} + K_y\, y_V' + K_p\, p_L' \qquad (2.8)$$

für kleine Änderungen der Ventilschieberstellung $y_V' = y_V - y_{V,0}$ und des Lastdruckes $p_L' = p_{L,0} - p_L$ mit

$$p_L = (d_N\, \dot{x}_K + F_{RC} + F_V + m_{red}\ddot{x}_K)/A_1 \qquad (2.9)$$

führt zunächst auf von der Ventilschieberstellung $y_{V,0}$ abhängige Durchflußverstärkungen:

$$K_p(y_{V,0}) \quad = \frac{dQ_1}{dp_L}\bigg|_{(\pm y_{V,0}-y_0)} = \begin{cases} -\dfrac{K_Q'\,(y_{V,0}-y_0)}{2\sqrt{p_S - p_{L,0}}} & \text{für } y_{V,0} > |y_0| \\[4pt] & \qquad (2.10a) \\[4pt] -\dfrac{K_Q'\,(-y_{V,0}-y_0)}{2\sqrt{ip_S + p_{L,0}}} & \text{für } y_{V,0} < -|y_0| \end{cases}$$

$$K_y(y_{V,0}) = \left. \frac{dQ_1}{dy_V} \right|_{(\pm y_{V,0} - y_0)} = \begin{cases} K_Q' \; \sqrt{p_S - p_{L,0}} & \text{für } y_{V,0} > |y_0| \\ K_Q' \; \sqrt{ip_S + p_{L,0}} & \text{für } y_{V,0} < -|y_0| \end{cases} \tag{2.10b}$$

Bei konstanter Vorschubkraft F_V = const. (z.B. F_V = 0) ist der statische Lastdruckanteil $p_{L,0}$ selbst auch eine Funktion der Ventilschieberstellung und kann deshalb als weitere AP-Koordinate entfallen. Im folgenden wird vereinfachend von dieser Eigenschaft ausgegangen:

$$p_{L,0} = f(y_{V,0}) \tag{2.11}$$

Weiterhin gilt für die Gesamtsteifigkeit des durch die Ölsäulen eingespannten Kolbens:

$$c_{ges}(x_{K,0}) = E_{\ddot{o}l}' \; A_1^2 \left(\frac{1}{V_{T1} + A_1 x_{K,0}} + \frac{i^2}{V_{T2} + iA_1(h - x_{K,0})} \right) \tag{2.12}$$

Im Ersatzkompressionsmodul $E_{\ddot{o}l}'$ sind neben der Ölkompressibilität $E_{\ddot{o}l}$ die Nachgiebigkeiten der Zylinderwandung und der Verbindungsleitungen zwischen Ventil und Zylinder berücksichtigt. /5/.

Die dynamischen Kenngrößen der resultierenden linearisierten Führungsübertragungsfunktion $G_K(s)$ des drosselgesteuerten Zylinders (mit $\dot{x}_K'$ und y_V' für die Abweichungen vom Arbeitspunkt) sind folglich arbeitspunktabhängig:

$$G_K(s) = \frac{\mathcal{L}\{\dot{x}_K'\}}{\mathcal{L}\{y_V'\}} = \frac{K_K(y_{V,0})}{1 + \dfrac{2D_K(y_{V,0}, x_{K,0})}{\omega_{0,K}(y_{V,0}, x_{K,0})} s + \dfrac{1}{\omega_{0,K}(y_{V,0}, x_{K,0})^2} s^2} \tag{2.13}$$

$$K_K(y_{V,0}) = \frac{K_y(y_{V,0})}{A_1 \left(1 - \dfrac{d_N}{A_1^2} K_p(y_{V,0})\right)} \tag{2.14a}$$

$$\omega_0(y_{V,0}, x_{K,0}) = \sqrt{\frac{c_{ges}(x_{K,0})}{m_{red}} \left(1 - \frac{d_N}{A_1^2} K_p(y_{V,0})\right)} \tag{2.14b}$$

$$D_K(y_{V,0}, x_{K,0}) = \frac{d_N - \dfrac{c_{ges}(x_{K,0})m_{red}}{A_1^2} K_p(y_{V,0})}{2\sqrt{c_{ges}(x_{K,0})m_{red}\left(1 - \dfrac{d_N}{A_1^2} K_p(y_{V,0})\right)}} \qquad (2.14c)$$

<u>Bild 2.5</u> verdeutlicht beispielhaft diese charakteristische Eigenschaft.

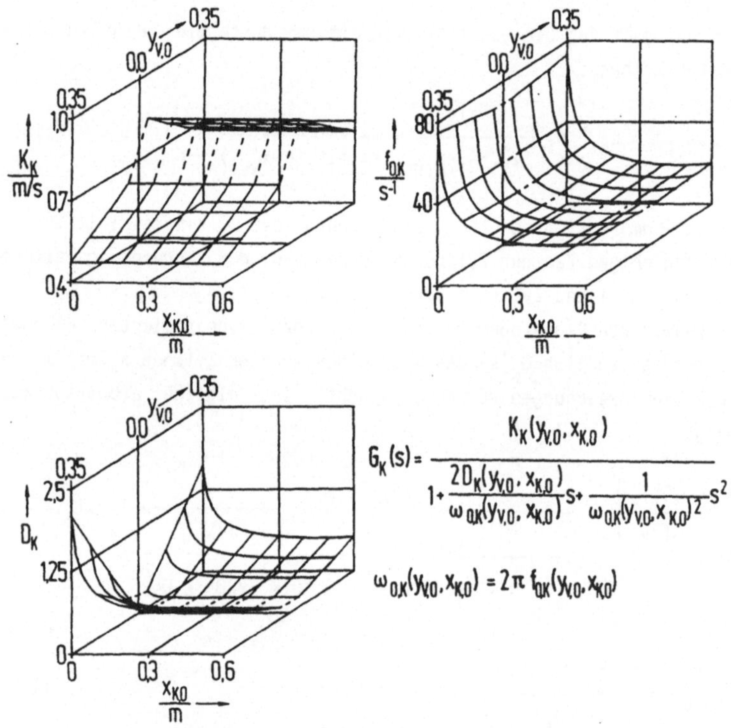

$$G_K(s) = \frac{K_K(y_{V,0}, x_{K,0})}{1 + \dfrac{2D_K(y_{V,0}, x_{K,0})}{\omega_{0K}(y_{V,0}, x_{K,0})}s + \dfrac{1}{\omega_{0K}(y_{V,0}, x_{K,0})^2}s^2}$$

$$\omega_{0K}(y_{V,0}, x_{K,0}) = 2\pi\, f_{0K}(y_{V,0}, x_{K,0})$$

<u>Bild 2.5</u>: Kennfelder dynamischer Kenngrößen eines linearisierten
Zylindermodells
(--- : mathematisch undefinierter Kenngrößenverlauf im
Bereich um $y_V = 0$)

2.2 Modellierung des Ventilschiebers

Elektrohydraulische Stetigventile heutiger Bauarten sind ein- oder mehrstufig aufgebaut. Ein linear oder rotatorisch verstellbarer Ventilschieber stellt die Hauptstufe dar. Er wird entweder von einem elektromotorischen Wandler mit vorgeschalteter elektrischer Verstärkerstufe direkt oder indirekt über zwischengeschaltete hydraulisch/mechanische Verstärkerstufen (Vorsteuerstufen) betätigt (Bild 2.6).
Die jeweiligen Ausgangssignalamplituden der Verstärkerstufen sind durch das Potential der Hilfsenergie begrenzt. Bauartspezifisch wird der Stellweg mechanisch oder elektrisch an konstruktiv unterschiedlich gestaltete Vergleichsstellen rückgeführt.

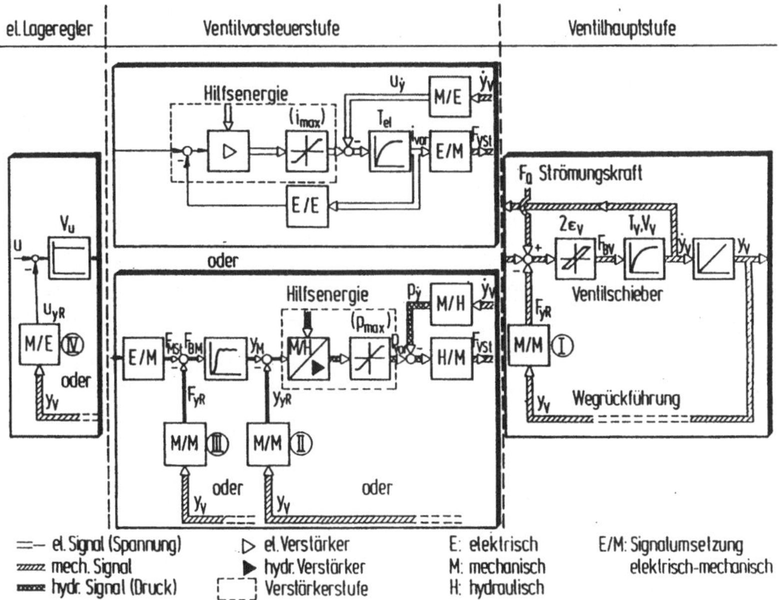

U_{yR}, F_{yR}, y_{yR} : Wegrückführung als Spannungs-, Kraft-, Wegsignal
F_{VSt} : Stellkraft auf Ventilschieber
y_M : Stellweg des Vorsteuermotors
F_{MSt} : Stellkraft auf Vorsteuermotor
T_V : Ventilzeitkonstante
V_V : Ventilverstärkungsfaktor
V_u : Lageregler-Verstärkung
F_{BM} : Beschleunigende Kraft auf Ventilschieber
p_{vor} : Stelldruck der Vorsteuerstufe
F_{BM} : Beschleunigende Kraft auf Vorsteuermotor
i_{ist} : Strom-Istwert
i_{max} : Strom-Begrenzung
p_{max} : Druck-Begrenzung

Bild 2.6: Vorsteuerungsvarianten elektrohydraulischer Stetigventile

Beispiele für die verschiedenen Varianten sind:

I   beidseitig durch Federn eingespannter Ventilschieber,

II hydraulische Nachlaufschaltung,

III Kraftrückführung auf Vorsteuerstufe über Rückstellfeder,

IV elektrische Rückführung und Vergleich mit Hilfe
    Operationsverstärker.

Durch die Wegrückführung wird eine zum Eingangssignal u_V proportionale Verstellung y_V bewirkt. In der vorliegenden Arbeit wird zur Eingrenzung der betrachteten Ventilklasse, ausgehend von den in Bild 2.6 darge- stellten Varianten, vorausgesetzt, daß

a) die Zeitkonstanten der Vorsteuerung klein gegenüber denjenigen der
   Hauptstufe sind,

b) das Ventil mit einem Wegmeßsystem zur Erfassung der Ventilschieberposition ausgestattet ist.

Voraussetzung a ist Grundbedingung für eine hinreichende Dynamik des Stellgliedes und wird in der Praxis durch stromproportionale Ansteue- rung der elektromotorischen Wandler mit geringem Eigenträgheitsmoment sowie durch Minimierung der hydraulischen Kapazitäten in der Vorsteue- rung erreicht.

Voraussetzung b ist Vorbedingung für die Regelung der Ventilschieberpo- sition, so daß im Rahmen der Aufgabenstellung für die vorherige Identi- fikation von einem vorhandenen Meßsystem ausgegangen werden kann.

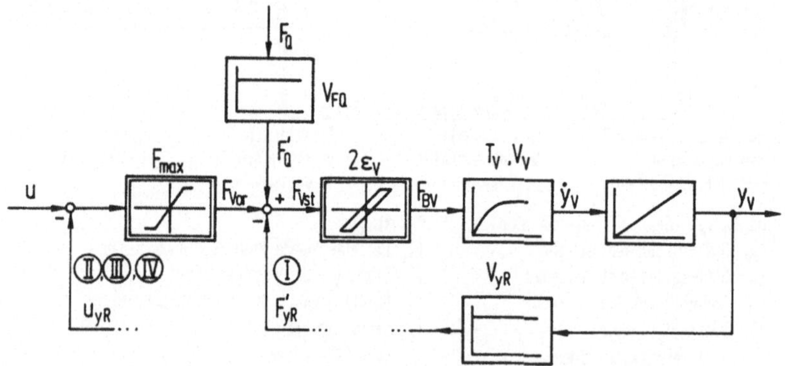

<u>Bild 2.7</u>:Vereinfachtes Blockschaltbild elektrohydraulischer
        Stetigventile

Die unterschiedlichen Vorsteuerungsvarianten werden so durch elementare
Umformung des Blockschaltbildes in Bild 2.6 auf zwei Grundformen zurückgeführt, die wiederum bei Kleinsignal-Aussteuerung innerhalb des linearen Stellbereichs der Verstärkerstufe (d.h. außerhalb von Begrenzungen)
ineinander übergehen (Bild 2.7).

Wird weiterhin die durch Reibung bedingte Hysterese in der Hauptstufe
vernachlässigt, ergibt sich das Ventilschiebermodell für alle Vorsteuerungsvarianten im Kleinsignalbereich, d.h. außerhalb dynamischer
Begrenzungen, als PT_2-Übertragungsglied bezüglich des Eingangssignals u_V
und der Strömungskraft F_Q (Bild 2.8). Die resultierende Eigenfrequenz
$\omega_{0,V}$ und Dämpfung D_V sowie die Rückführverstärkung der Strömungskraft
K_{FQ} sind in ihrem Wert vom jeweiligen Arbeitspunkt, definiert durch die
Ventilaussteuerung $y_{V,0}$, abhängig. Diese Eigenschaft beruht auf veränderlichen, ventilinternen Verstärkungen /20/.

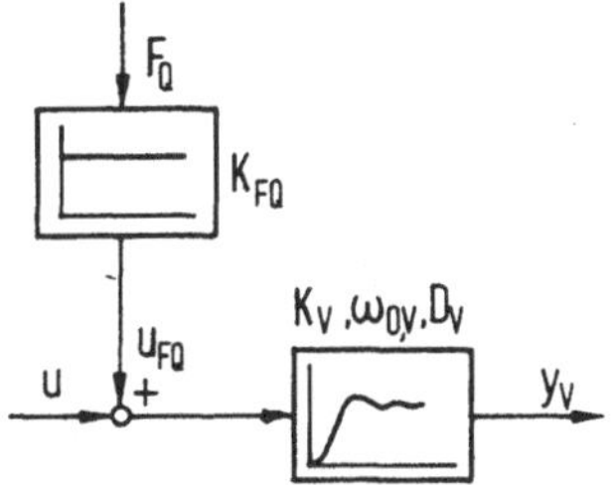

Bild 2.8:
Linearisiertes Ventil-
modell im Kleinsignal-
bereich

Das stationäre Verhalten von Ventilschiebern in Stetigventilen ist durch
eine je nach Bauform, Qualität und Potential der Hilfsenergie mehr oder
weniger ausgeprägte Hysteresekennlinie gekennzeichnet. Die Umkehrspanne
wird dabei durch Reibung am Ventilschieber verursacht. Sie verringert
sich mit zunehmender Verstärkung der ventilinternen Vorsteuerstufen.
Nichtideale Justage der Nullpunktlagen von Ventilschieber und Wegauf-
nehmer sowie Langzeitdrift bedingen eine Verschiebung der tatsächlichen
Ventilmittelstellung um (u_{offset} ; $y_{V,offset}$).

2.3 Modellierung der Strömungskräfte

Die auf den Ventilschieber einwirkenden Strömungskräfte entstehen maßgeblich durch Impulsänderungen des über die Steuerkanten mit hoher
Fließgeschwindigkeit strömenden Mediums.

- 32 -

Mit den Ergebnissen aus /18, 19/ kann für Ventilschieberstellungen außerhalb der Überdeckung ($|y_V| > |y_0|$) angegeben werden:

$$y_{V,0} \gtrless \pm |y_0| : \qquad F_Q \sim \mp \frac{Q_1^2}{|y_V| - y_0} \qquad\qquad (2.15)$$

Bei Linearisierung um Arbeitspunkte des servohydraulischen Antriebs ($y_{V,0}$; $Q_{1,0} \sim \dot{x}_{K,0}$) ergibt sich für kleine Strömungskraftänderungen

$$F_Q = F_{Q,0} + K_{Fq}\, Q_1^{'} + K_{Fy}\, y_V^{'} \qquad\qquad (2.16)$$

Die resultierenden Verstärkungsfaktoren sind dabei:

$$y_{V,0} \gtrless \pm |y_0| : \qquad K_{Fy} = \left. \frac{dF_q}{dy_V} \right|_{(Q_{1,0};\, y_{V,0})} \sim \frac{Q_{1,0}^2}{(|y_{V,0}| - y_0)^2} \qquad (2.17a)$$

$$y_{V,0} \gtrless \pm |y_0| : \qquad K_{Fq} = \left. \frac{dF_Q}{dQ_1} \right|_{(Q_{1,0};\, y_{V,0})} \sim -\frac{Q_{1,0}}{|y_{V,0}| - y_0} \qquad (2.17b)$$

Entsprechend Gl. (2.8) setzt sich die Volumenstromschwankung $Q_1^{'}$ aus einem Ventilschieberweg ($y_V^{'}$)- und einem Lastdruck ($p_L^{'}$)-bedingten Anteil zusammen. Die somit allein von $y_V^{'}$ bedingten Strömungskraftanteile werden in

$$F_{Qy}^{'}\,(y_V^{'}) = (K_{Fy} + K_{Fq}\, K_y)\, y_V^{'} \qquad\qquad (2.18)$$

zusammengefaßt. Der $p_L^{'}$-bedingte Anteil wird mit Gl. 2.9 auf die Geschwindigkeitsänderung des Kolbens $\dot{x}_K^{'}$ bezogen:

$$F_{Q\dot{x}}^{'}\,(\dot{x}_K^{'}) = K_p K_{Fq} d_N \left(\dot{x}_K^{'} + \frac{m_{red}}{d_N}\, \ddot{x}_K^{'} \right) \qquad\qquad (2.19)$$

2.4 Linearisiertes Antriebsmodell

Die dargestellten Einzellinearisierungen erlauben nun entsprechend der Blockschaltbilddarstellung in <u>Bild 2.9</u> die Aufgliederung des Antriebsmodells in drei Eingrößensysteme sowie einer Summationsstelle für die Rückwirkung des von $\dot{x}_K^{'}$ bedingten Strömungskraftanteils. Die Parameter dieser Übertragungsglieder sind arbeitspunktabhängig:

$$G_{VQy} = G_{VQy}(y_{V,0}, \dot{x}_{K,0}) = G_V/(1-G_V K_{Ry}) \qquad (2.20)$$

mit

$$K_{Ry} = K_{FQ}(K_{Fy} + K_{Fq}K_y) \qquad (2.21)$$
$$G_K = G_K(y_{V,0}, x_{K,0}) \qquad (2.22)$$

$$G_{R\dot{x}} = G_{R\dot{x}}(y_{V,0}, x_{K,0}) = K_{R\dot{x}} \left(1 + \frac{m_{red}}{d_N} s\right) \qquad (2.23)$$

mit

$$K_{R\dot{x}} = K_{FQ} K_p K_{Fq} d_N \qquad (2.24)$$

Da der durch die Kolbengeschwindigkeitsschwankung bedingte Strömungs-
kraftanteil nicht als Meßgröße vorliegt (er wäre auch nur schwerlich
von aus den auf den Ventilschieber wirkenden Kräften zu separieren),

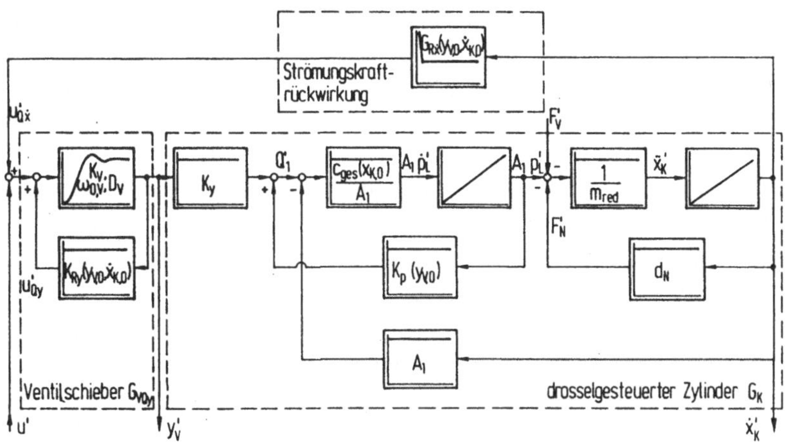

Bild 2.9: Linearisiertes Antriebsmodell

werden G_{VQy} und $G_{R\dot{x}}$ zu einem Mehrgrößensystem $\underline{G}_{VR\dot{x}}$ vom Typ "MISO" (multiple input, - single output)

$$\underline{G}_{VR\dot{x}}^T = [G_{VQy}; G_{R\dot{x}} \cdot G_{VQy}] \qquad (2.25)$$

mit dem Steuervektor

$$\underline{u}_V^T = [u', \dot{x}_K'] \qquad (2.26)$$

zusammengefaßt. Die aus u' und $u_{Q\dot{x}}' = G_{R\dot{x}} \cdot \dot{x}_K'$ angeregten Ventilschieberbe-
wegungen in y_V überlagern sich dabei additiv.

2.5 Zeitdiskrete Behandlung der Systemmodelle

Durch die Verwendung eines Digitalrechners zur Prozeßregelung bzw. - wie
im vorliegenden Fall - zur Prozeßanalyse entsteht in Verbindung mit den
Prozeßschnittstellen (Bild 1.1) infolge der zeitdiskreten Arbeitsweise
ein Abtastsystem. Die eigentliche Regelstrecke darin ist zeitkontinu-
ierlich (Bild 2.10). Sie wird über ein Halteglied, das die ausschließlich zu den Abtastzeitpunkten kT, (k+1)T definierten Eingangssignalwerte
über das gesamte Abtastinterall kT $\leq$ t < (k+1)T extrapoliert, angesteuert.

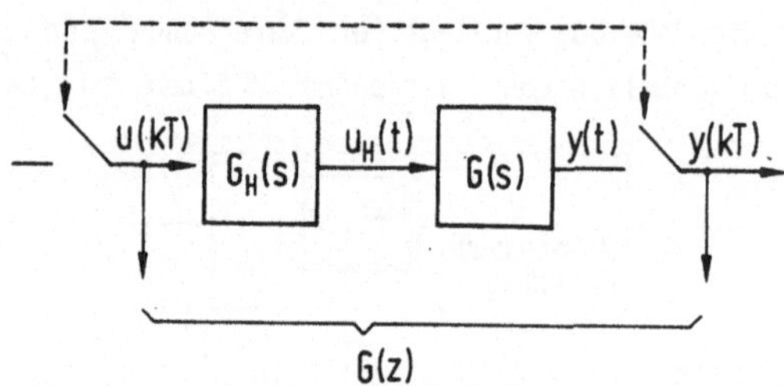

Bild 2.10: Zeitdiskretes Übertragungsglied mit zeitkontinuierlichem Kern

Die dynamische Wirkung von Haltegliedern 0.ter und 1.ter Ordnung zeigt
Bild 2.11. Für derartige Abtastsysteme ist die Beschreibung mit Hilfe
der z-Übertragungsfunktion (z.B. /22/) eingeführt. Sie beschreibt den
Zusammenhang der z-transformierten Wertefolgen von Eingangs- und Ausgangssignal eines linearen zeitdiskreten Prozesses:

$$G(z) = Y(z)/U(z) = \sum_{i=0}^{m} b_i z^{-i} \ / \ \sum_{i=0}^{n} a_i z^{-i} \qquad (2.27)$$

Die z-Übertragungsfunktion G(z) mit Abtast-Haltegliedern 0.ter, 1.ter
oder noch höherer Ordnung verknüpfter zeitkontinuierlicher Strecken G(s)
erhält man durch die Transformationsvorschrift (z.B. /22/):

$$G(z) = \mathcal{Z}\left\{G_H(s) \cdot G(s)\right\} \qquad (2.28)$$

Mit Haltegliedern 0.ter Ordnung ist der Grad des Zähler- und Nennerpo-
lynoms in G(z) stets gleich groß. Bei Haltegliedern 1.ter Ordnung erhöht
sich der Zählergrad um eins. Läßt sich beispielsweise der durch ein
Stellglied angesteuerte Prozeß (hier der drosselgesteuerte Zylinder) in

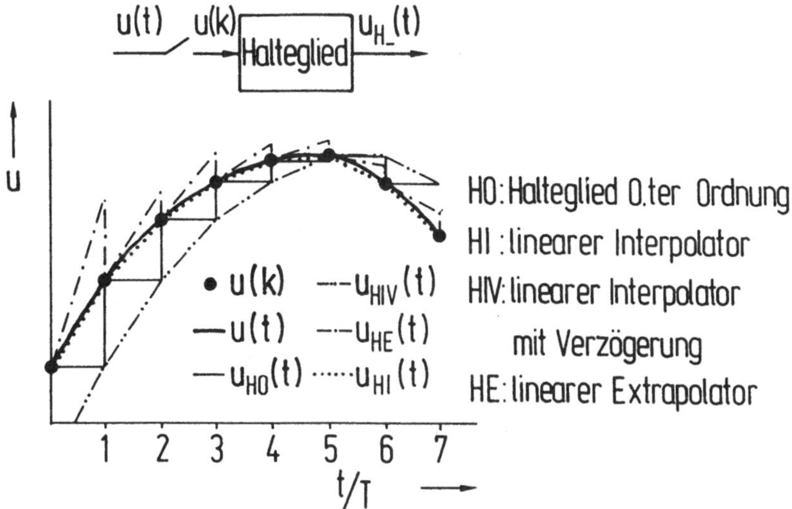

<u>Bild 2.11</u>: Dynamische Wirkung unterschiedlicher Abtast-Halteglieder

zeitkontinuierlicher Beschreibungsweise durch ein PT_2-Glied modellieren, so ergibt sich die korrespondierende z-Übertragungsfunktion zu

$$G_{PT2}(z) = \frac{b_0 + b_1 z^{-1} + b_2 z^{-2} + b_3 z^{-3}}{1 + a_1 z^{-1} + a_2 z^{-2}} \qquad (2.29)$$

mit vom Haltegliedansatz abhängigen Zählerparametern (s. <u>Tabelle 2.1</u>).

Zur Beschreibung des Zeitverhaltens zeitdiskreter Systeme zu den Abtastzeitpunkten dienen Differenzengleichungen der Form

$$a_0 \, y(k) + a_1 \, y(k-1) + \ldots + a_n \, y(k-n) = \qquad (2.30)$$
$$b_0 \, u(k) + b_1 \, u(k-1) + \ldots + b_m \, u(k-m)$$

(Verkürzt wurde hier für die Zeitpunkte die Schreibweise k, (k-1) ... anstelle kT, (k-1)T ... mit T: Abtastzeit verwendet).
Man erhält Gl. (2.30) durch Anwendung des Rechtsverschiebungssatzes der z-Transformation auf Gl. (2.27). Die Koeffizienten von G(z) und korrespondierender Differenzengleichung sind identisch.

Parameter \ Halteglied	HO	HI	HIV	HE
a_1	$-2EC$			
a_2	E^2			
b_0	0	$1+C^*+E(S^*-CC^*)$	0	
b_1	$1-E(C+S^*)$	$E(EC^*-2C-2S^*)-C^*$	$1+C^*+E(S^*-CC^*)$	
b_2	$E(E+S^*-C)$	$E^2(1-C^*)+E(S^*+CC^*)$	$E(EC^*-2C-2S^*)-C^*$	
b_3	0	0	$E^2(1-C^*)+E(S^*+CC^*)$	

Abkürzungen			
c^*	1	$-2D/(\omega_0 T)$	$1-2D/(\omega_0 T)$
$s^*(D \neq 1)$	$\dfrac{SD\,\omega_0}{\omega_1}$	$\dfrac{S(2D^2-1)}{\omega_1 T}$	$\dfrac{S(2D^2-1-\omega_0 DT)}{\omega_1 T}$
$s^*(D=1)$	S	1	$1-S$

Abkürzungen	$D < 1$	$D = 1$	$D > 1$
ω_1	$\omega_0 \sqrt{1-D^2}$	—	$\omega_0 \sqrt{D^2-1}$
C	$\cos \omega_1 T$	1	$\cosh \omega_1 T$
S	$\sin \omega_1 T$	$\omega_0 T$	$\sinh \omega_1 T$
E	$e^{-D\omega_0 T}$	$e^{-D\omega_0 T}$	$e^{-D\omega_0 T}$

<u>Tabelle 2.1</u>: Parameter der z-Übertragungsfunktion von PT_2-Gliedern mit verschiedenen Haltegliedansätzen

Gl. (2.30) ist Grundlage für die Schätzung der Modellparameter linearer zeitdiskreter Prozesse im allgemeinen. (Kap. 4) bzw. der Antriebsmodelle im besonderen (Kap. 5). Aus dem zeitdiskreten Modell können anschließend die Kennwerte des zeitkontinuierlichen Modells rückgerechnet werden. Grundsätzlich gilt dazu für beliebige lineare zeitdiskrete und korrespondierende zeitkontinuierliche Übertragungsglieder der Zusammenhang bezüglich der jeweiligen Pollagen:

$$s_{0,i} = (1/T) \cdot \ln z_{0,i} \qquad (2.31)$$

sowie für die Verstärkung

$$K = \left(\sum_{i=0}^{m} b_i \right) / \left(1 + \sum_{i=1}^{n} a_i \right) \qquad (2.32)$$

Bei gegenüber der Streckendynamik sehr kleinen Abtastzeiten ($T \ll \pi / \omega_0$) ermöglichen Näherungsansätze, wie in /23/ angegeben, auch die Abschätzung der Streckennullstellen des zeitkontinuierlichen Modelles. Eine Variante zur Umrechnung bei beliebigen Abtastzeiten wird in /24/ dargestellt.

Für die vorliegenden Teilsysteme, Ventilschieber und Zylinder, mit einem Modellansatz 2. Ordnung können die jeweilige Verstärkung, Eigenfrequenz und Dämpfung auf Grundlage von Gl. 2.31) jedoch unmittelbar aus den zeitdiskreten Modellparametern angegeben werden (Tabelle 2.2).

ω_0	für $a_1^2 < 4a_2$: ($\hat{=}\ D < 1$)	$\dfrac{1}{T} \sqrt{\left(\arccos \dfrac{a_1}{-2\ a_2} \right)^2 + \dfrac{1}{4} \ln(a_2)^2}$
	für $a_1^2 \geq 4a_2$: ($\hat{=}\ D \geqslant 1$)	$\dfrac{1}{T} \sqrt{-\left(\operatorname{arccosh} \dfrac{a_1}{-2\ a_2} \right)^2 + \dfrac{1}{4} \ln(a_2)^2}$
D		$-1/2\ \ln(a_2)\ /(\omega_0 T)$
K		$(b_0 + b_1 + b_2 + b_3)/(1 + a_1 + a_2)$

Tabelle 2.2: Berechnung dynamischer Kenngrößen zeitkontinuierlicher PT_2-Übertragungsglieder aus den zeitdiskreten Modellparametern

2.6 Zusammenfassung der a-priori Kenntnisse

Das statische und dynamische Verhalten von servohydraulischen Vorschubantrieben ist stark nichtlinear. Außerhalb von durch die real vorliegende Steuerkantengeometrie bedingten Unschärfen (Radialspiel, positive oder negative Steuerkantenüberdeckung) können die statischen Zusammenhänge durch explizite nichtlineare Kennliniengleichungen beschrieben werden. Die Linearisierung des Antriebs in Arbeitspunkten ergibt
Prozeßmodelle zweiter Ordnung für die Teilstrecken des Ventilschiebers,
des drosselgesteuerten Zylinders sowie einer PD-Struktur für die Strömungskraftrückwirkung der Kolbenbewegung auf das ansteuernde Ventil.
Alle Modellparameter variieren mit dem durch die Ventilaussteuerung gegebenen Arbeitspunkt. Das Modell des drosselgesteuerten Zylinders ist
darüber hinaus zusätzlich auch von der aktuellen Kolbenposition abhängig. Die Parameter der linearisierten Modelle errechnen sich aus alge-
braisch verknüpften physikalischen Parametern und stationären Zustandsgrößen, die den jeweiligen Arbeitspunkt kennzeichnen.
A priori sind somit die charakteristischen Eigenschaften der Klasse
servohydraulischer Antriebe qualitativ bekannt. Quantitative Aussagen
über das Streckenverhalten sind dagegen in der Regel nicht möglich. Infolge mangelnder Vorkenntnisse über das Zusammenwirken einer Vielzahl
unterschiedlicher Einflußgrößen kann vor der experimentellen Analyse
mit den üblicherweise vorliegenden Antriebsdaten

$$
\begin{aligned}
&A_1, A_2 && : \text{Kolbenflächen,}\\
&h && : \text{Kolbenhub,}\\
&\approx m_{red} && : \text{ungefähre Schlittenmasse,}\\
&\approx E_{öl} && : \text{ungefährer E-Modul von Öl,}\\
&\approx f_{0,V} && : \text{Ventileigenfrequenz (aus Katalogdaten),}\\
&p_s && : \text{Betriebsdruck,}
\end{aligned}
$$

allenfalls eine grobe Abschätzung der resultierenden Antriebsdynamik
durchgeführt werden.

2.7 Aufbau und Daten des Versuchsantriebes

Die im Verlaufe der vorliegenden Arbeit beschriebenen Identifikationsstrategien und Verfahren wurden an einer Versuchseinheit (Bild 2.12) er-
probt. Die im Bild angeführte Liste zu den Antriebs- und Betriebsdaten

stellt zugleich repräsentativ die Gesamtheit aller im Vorfeld der Identifikation verfügbaren Daten dar. Häufig liegen darüber hinaus die Größen der Totvolumina nicht zahlenmäßig vor, so daß im weiteren auf Ansätze, die diese Vorkenntnis nutzen, verzichtet wird.

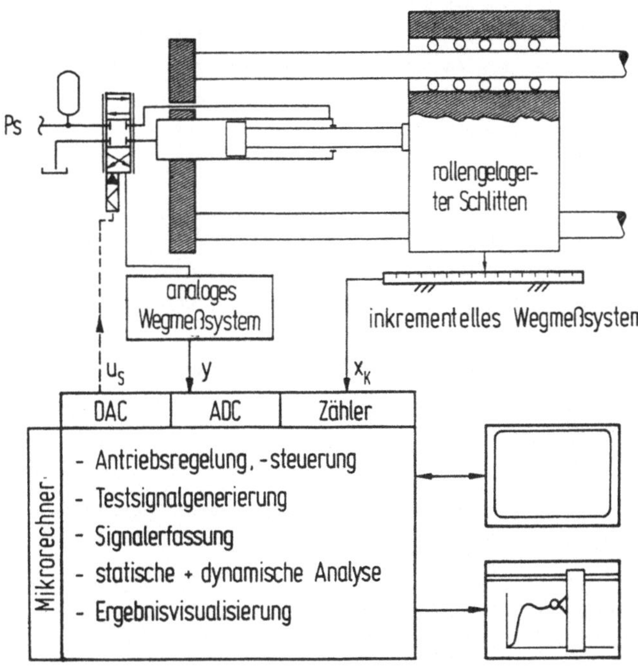

Servozylinder + Schlitten		Servoventil	
Kolben-Ø	: d_K = 32 mm	Typ	: DO76 (Fa. Moog)
Stangen-Ø	: d_{st} = 20 mm	Nenndurchfluß	: Q_n = 48 1/min
Hub	: h = 585 mm	(bei Δp=70bar)	
Totvolumen	: V_{T1} = 30cm^3	Lagemeßsystem	: $\pm$5V bei $\pm y_{V,max}$
	: V_{T2} = 135cm^3		
red. Masse	: m_{red} = 300kg		
inkrem. LMS: Auflösung 1µm		Betriebsdruck	: p_S = 110 bar

Mikrorechner			
Bus-System	: VME	CPU	: NS 32016
Prozeß-peripherie	: 12 bit ADC(+ 5V) 12 bit DAC($\mp$10V) Inkrementalzähler	Bedienperipherie:	Grafikbildschirm Plotter

Bild 2.12: Aufbau der Versuchseinheit

3 Rechnergestützte Analyse statischer Kennlinien und dynamischer Begrenzungen

Die in dieser Arbeit betrachtete Antriebsklasse "servohydraulische Vorschubantriebe" besitzt im betriebsfertigen Zustand nur eine eingeschränkte sensorische Austattung. In Verbindung mit dem rechnerintern bekannten Stellsignal zur Ventilansteuerung können damit ausschließlich die Zeitverläufe der Signale $u_V(t)$, $y_V(t)$, $\dot{x}_K(t)$ sowie die stationären Kennlinien

* Ventilschieberweg $y_{V,0}$ über Eingangssignal $u_{V,0}$,
* Kolbengeschwindigkeit $\dot{x}_{K,0}$ über Eingangssignal $u_{V,0}$,
* Kolbengeschwindigkeit $\dot{x}_{K,0}$ über Ventilschieberweg $y_{V,0}$

erfaßt und ausgewertet werden. Dabei sind die durch den Aufbau der jeweiligen Maschine sowie durch die vorhandene Rechnerleistung Randbedingungen gegeben:

* begrenzter Verfahrweg innerhalb softwaremäßig definierter Endlagen,
* durch eingestellten Systemdruck beeinflußte Ventilschieberdynamik und Leistungsbegrenzung des Aktors,
* nicht vernachlässigbare Eigendynamik von Ventil und Aktor,
* rückwirkungsbehaftete Teilsysteme (durch Strömungskräfte),
* begrenzte Auflösung der Meßsysteme,
* begrenzte Abtastfrequenz.

Notwendige Voraussetzung für die sinnvolle Auslegung eines Reglers und des Führungsgrößenverlaufes ("Führungsgrößenbeschränkung") ist die Vorkenntnis konstruktiv und energetisch bedingter Grenzwerte von Streckenzustandsgrößen. Bei den servohydraulischen Antrieben sind dies einerseits die a-priori bekannten Endlagen von Ventilschieber und Arbeitskolben, vor allem aber die dynamischen Grenzwerte der Kolbenbeschleunigung und der Ventilschiebergeschwindigkeit.

Statische Kennlinien zeigen vielfach einige charakteristische lineare und nichtlineare Eigenschaften von Regelstrecken auf. Sie werden in der Regel aus gleichzeitigem Zusammenwirken mehrerer physikalischer Effekte verursacht.

Man erhält die dynamischen Grenzwerte wie auch die statischen Kennlinien bei konventioneller Vorgehensweise und bei automatischem Ablauf auf prinzipiell gleiche Weise durch Aufschaltung einer grenzdynamischen (Anregung mit Großsignal) bzw. einer quasistatischen Anregung. Der automatische Ablauf bedingt jedoch die Entwicklung algorithmierbarer Strategien zur Gewinnung optimaler Signalverläufe unter Vermeidung unerwünschter Nebeneffekte (z. B. dynamische Signalanteile bei statischer Analyse, Quantisierungsrauschen ...).

Infolge der nur geringen sensorischen Ausstattung betriebsfertiger Antriebe scheidet die unmittelbare Erfassung für das resultierende Verhalten ursächlicher physikalischer Effekte dagegen aus. Deshalb wird in einem weiteren Schritt ein Lösungsweg zum Modellabgleich der statischen Kennlinien mit dem theoretischen Modell aufgezeigt. Dies erlaubt den Rückschluß auf einige relevante Antriebsparameter für Zwecke der Modellierung und der Antriebsdiagnose.

3.1 Analyse von Übergangsvorgängen

Prinzipbedingte, vom Potential der installierten DrucköIversorgung abhängige Begrenzungen von Ventilschiebergeschwindigkeit $\dot{y}_{V,max}$ (z.B. bei Ventilbauform III) und Kolbenbeschleunigung $\ddot{x}_{K,max}$ werden sowohl bei der prüfstandsgebundenen Analyse als auch bei derjenigen am betriebsfertigen Antrieb auf ähnliche Weise bestimmt. Man erhält die Maximalwerte durch zeitdiskrete Differentiation in Tabellen abgelegter Meßwertsätze der abgetasteten und digitalisierten Sprungantworten $y_V(kT)$ und $\dot{x}_K(kT)$ verschiedener Sprunghöhen. Die Auswertung derartig erfaßter Signale wird jedoch durch Einflußfaktoren erschwert, wie:

* störungsbehaftete Ventilschieberwegsignale infolge zum Teil analoger Signalverarbeitung innerhalb der Meßkette, sowie infolge von Quantisierungseffekten bei der Digitalisierung,

* durch relativ große Abtastzeit bedingte geringe Anzahl von Meßwerten innerhalb dynamischer Übergänge,

* dynamische Rückkopplung der Kolbenbewegung auf den Ventilschieber.

Störungseffekten im Meßsignal kann einerseits durch diskrete Filterung, andererseits durch arithmetische Mittelung wiederholt aufgenommener gleichartiger, reproduzierbarer Signalverläufe (Voraussetzungen: gleiche Randbedingungen, Zeitinvarianz) begegnet werden. Da eine Filterung nur bei einer hinreichend großen Anzahl von Stützwerten innerhalb des relevanten - steigungsbegrenzten - Meßsignalabschnittes sinnvoll anwendbar ist, dieser sich aber meist nur über wenige Abtastzyklen erstreckt, wird als praktikable Lösung ausschließlich die Mittelung angesehen.

Strömungskräfte auf den Ventilschieber treten erst zeitverzögert nach entsprechender Beschleunigung des angesteuerten Arbeitskolbens auf. Sie können bei der Signalauswertung der ersten Abschnitte in der Sprungantwort des Ventilschiebers vernachlässigt werden, wenn dessen Dynamik die des drosselgesteuerten Zylinders wesentlich übersteigt.

In der praktischen Realisierung der rechnergestützten Sprungantwortanalyse werden Sollwertsprünge verschiedener abgestufter Sprunghöhen jeweils mehrfach (3...5mal) aufgeschaltet und gemittelt. Zur Minimierung der dynamischen Rückwirkungen wird Einfahren als Bewegungsrichtung des Arbeitskolbens gewählt. Dabei wird der Kolben geringer beschleunigt als bei der Ausfahrbewegung. Die Startposition des Arbeitskolbens ist die Mittellage $x_K = h/2$ wegen der dort vorhandenen niedrigen Zylindereigenfrequenz. Die Maximalwerte der durch diskrete Differentiation berechneten Ableitungen von $y_V(kT)$ und $\dot{x}_K(kT)$ der <u>gemittelten</u> Sprungantwortsignale stellen die gesuchten Grenzwerte dar (<u>Bild 3.1</u>).

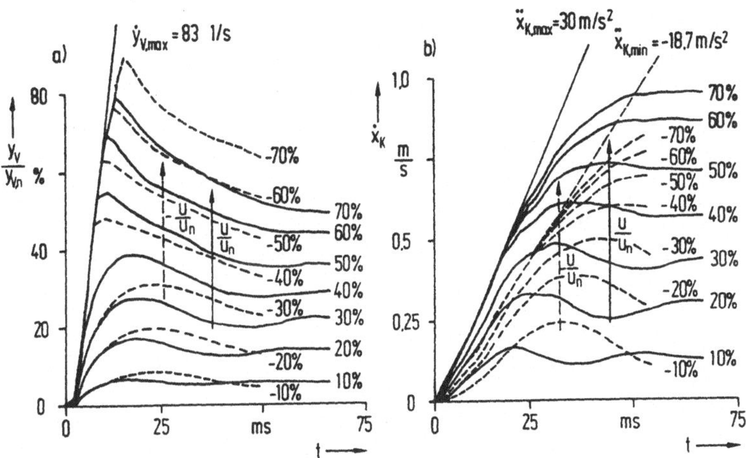

Bild 3.1: Sprungantwortanalyse am betriebsfertigen Antrieb
a) Ventilschieber; b)drosselgesteuerter Zylinder

3.2 Strategie zur Erfassung statischer Kennlinien

Zur Aufnahme geschlossener statischer Kennlinien ist eine quasistationäre Anregung des Antriebs erforderlich. Die Auswahl und Dimensionierung des Testsignals soll dabei unter der Berücksichtigung der Kriterien
 * minimaler Einfluß instationärer Zustandsänderungen,
 * möglichst großer erfaßter Aussteuerungsbereich
erfolgen, wobei der zur Verfügung stehende Verfahrweg bestmöglich auszunutzen ist. Zur Testsignaldimensionierung kann eine Bezugsgröße aus dem Sprungantwortverhalten unterhalb dynamischer Begrenzungen abgeleitet werden. Mit der Anlaufzeit T_{an} bis zum erstmaligen Erreichen eines definierten Schwellwertes der Kolbengeschwindigkeit $\dot{x}_{K,schw}$ (z.B. 90% des Beharrungszustandes) erhält man einen Vergleichswert für die zulässige Beschleunigung des Antriebs unter Wahrung quasistationärer Zustände:

$$\ddot{x}_{K,zul} = |\delta \cdot \dot{x}_{K,SCHW}/T_{an}| \quad \text{mit} \quad \delta = 0,1...0,01 \qquad (3.1)$$

Die angegebenen Zahlenwerte zu δ resultieren aus am Versuchsantrieb gewonnenen Erfahrungen. Bei Antrieben mit vom Versuchsgerät gravierend abweichenden dynamischen Eigenschaften ist der Wertebereich entsprechend zu korrigieren.

Wird die Kennlinienaufnahme am gesteuerten Antrieb durchgeführt, ist
bei im wesentlichen unbekannten Prozeßparametern a-priori keine Test-
signalparametrierung für die optimale Ausnutzung des Verfahrweges möglich. Einfacher parametrierbar und für einen automatischen Ablauf in
jedem Falle zuverlässiger ist die Kennlinienaufnahme am P-lagegeregelten
Antrieb. Dafür genügt eine suboptimal schwache, manuelle Grobeinstellung
des Lagereglers. Mit der Wahl eines aus Parabelästen zusammengesetzten
Sollweg-Zeitverlaufes $x_{K,soll}(kT)$ als Testsignal entsprechend __Bild 3.2__
werden ohne Überschreitung der zulässigen Beschleunigung größtmögliche
Werte der Aussteuerung erreicht.

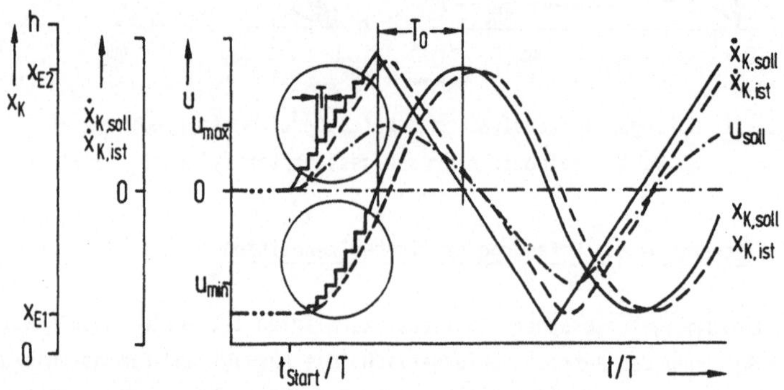

$x_{E1/2}$: Software-Endlagen 1/2 T_0 : 1/4 Periodendauer

T   : Abtastzeit   h : Kolbenhub

__Bild 3.2__: Quasistationäre Soll- und Istsignale des P-lagegeregelten
              Antriebs für die Ermittlung statischer Kennlinien

Dieser ist mit den durch frei definierbare Grenzlagen x_{E1} und x_{E2} und
mit der zulässigen Kolbenbeschleunigung $\ddot{x}_{K,zul}$ als Führungsbeschleuni-
gung festgelegt:

$$T_0 = \sqrt{(x_{E2} - x_{E1})/\ddot{x}_{K,zul}} \tag{3.2}$$

$$x_{K,soll} = x_{E1} + 0,5\ddot{x}_{K,zul}(kT-nT_0)^2 \quad \text{für: } (n-1)T_0 \leq kT < (n+1)T_0 \tag{3.3a}$$

$$x_{K,soll} = x_{E2} - 0,5\ddot{x}_{K,zul}(kT-(n+2)T_0)^2 \text{ für: } (n+1)T_0 \leq kT < (n+3)T_0 \tag{3.3b}$$

$$\text{mit } kT = 0 \quad \text{für} \quad t = t_{start} \text{ und } n = 0,4,8...$$

Der inkrementelle Zuwachs bzw. die Abnahme der Sollgeschwindigkeitsrampe
beträgt je Abtastzyklus:

$$|\Delta \dot{x}_{K,soll}| = \ddot{x}_{K,zul} \cdot T \qquad (3.4)$$

Die während der Anregung abgetasteten und abgespeicherten Prozeßsignale
$u(kT)$, $y_V(kT)$, $\dot{x}_K(kT)$ liegen anschließend für eine nachfolgende Auswertung rechnerintern vor. Auch bei dieser Kennlinienaufnahme gestattet
eine statistische Auswertung der gemessenen Signale (durch Mittelwert-
bildung) die Kompensation stochastischer Störanteile.

3.3 Auswertung der statischen Kennlinien

Die nach rechnergesteuerter Meßwerterfassung (Stufe I, entsprechend Kap.
1.3) vorliegenden Wertepaare der statischen Kennlinien von Ventilschieberweg über Ventileingangssignal und Kolbengeschwindigkeit über Ventilschieberstellung bilden die Grundlage für die nachfolgende zweistufige Auswertung.
Stufe II umfaßt die quantitative Ermittlung verallgemeinerter
Kennlinien-Deskriptoren, Stufe III dagegen die Abschätzung prozeßspezi-
fischer physikalischer Größen der beiden Teilstrecken Ventilschieber und
drosselgesteuerter Zylinder mit Hilfe der a-priori bekannten theoretischen Kennliniengleichungen entsprechend Abschnitt 2.2.1.

3.3.1 Quantitative Ermittlung von Kennlinien-Deskriptoren

Zur Kennzeichnung und Bewertung von Nichtlinearitäten in statischen
Kennlinien sowie im Hinblick auf deren Kompensation durch regelungstechnische Maßnahmen (z.B. Entkopplung /3/, Offsetaufschaltung ...)
sind die Deskriptoren

* Null-Lagen $\qquad (u(y_V=0); \; y_V(\dot{x}_K=0); \; u(\dot{x}_K=0))$
* Umkehrspannen $\qquad (\; \varepsilon_{Uuy}; \qquad \varepsilon_{Uy\dot{x}}; \qquad \varepsilon_{Uu\dot{x}})$
* Totbereiche $\qquad (\; \varepsilon_{Tuy}; \qquad \varepsilon_{Ty\dot{x}}; \qquad \varepsilon_{Tu\dot{x}})$
* Approximationspolynome $(P_{uy}(u) \; ; \; P_{y\dot{x}}(y_V); \; P_{u\dot{x}}(u)$
  $\qquad$ bzw. $P_{yu}(y_V); \; P_{\dot{x}y}(\dot{x}_K); \; P_{\dot{x}u}(\dot{x}_K))$

von besonderem Interesse. Im allgemeinen treten Effekte wie Nullpunkts-
verschiebungen, Umkehrspannen und Totbereiche bei realen technischen

Prozessen überlagert auf. Weiterhin ist von gestörten Prozeßsignalen infolge auf die Meßkette einwirkenden Störrauschens sowie Quantisierungsrauschen bei der Digitalisierung auszugehen. Die genannten Effekte können deshalb nicht unmittelbar aus dem Abstand von auf- und absteigendem Kennlinienast bzw. den Nulldurchgängen abgelesen werden. Die quantitative Ermittlung derartiger Kenngrößen bedarf somit einer geeigneten Vorgehensweise zu deren gegenseitiger Separation (Bild 3.3).

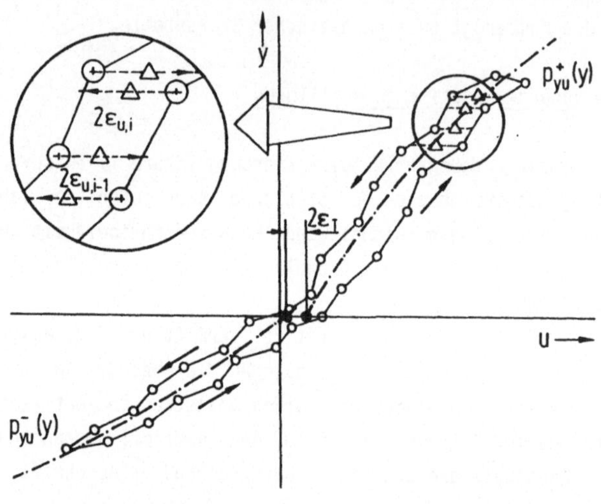

∘ Meßpunkte (störungsbehaftet)
• Nulldurchgänge der Polynome
△ gemittelte Kennlinienpunkte
ε_I Totbereich
— — Approximationspolynome durch △
ε_U Umkehrspanne

Bild 3.3: Auswertung abgetasteter statischer Kennlinien

Aufgrund der Signalstörungen liefert allein die statistische Auswertung durch arithmetische Mittelung der Abstände zwischen an- und absteigendem Kennlinienastpaar hinreichend genaue Schätzwerte der Umkehrspanne:

$$\varepsilon_U = \frac{1}{N} \sum_{i=1}^{N} \varepsilon_{Ui} \tag{3.5}$$

Mit den Einzelabständen $2\varepsilon_{Ui}$ können zugleich - störungsbehaftete - Punkte der Hysterese-Mittellinien berechnet werden. Ausgleichspolynome durch diese Punkte - eventuell nach Reduktion der Punktzahl durch abschnittsweisen Ersatz mit zugehörigen Schwerpunkten - beschreiben die Kennlinienäste in geschlossener mathematischer Form. Sie sind Grundlage für die regelungstechnische Entkopplung stationärer nichtlinearer Zusammenhänge. Zur Gewährleistung hinreichender Genauigkeit der Ausgleichspolynome insbesondere im Umsteuerbereich (in der Umgebung von $\dot{x}_K = 0$) aber auch bei großen Aussteuerungsgraden sind geeignete Approximationsstrategien anzuwenden, z.B.

- erhöhte Stützpunktdichte im Bereich der Umsteuerung oder dessen erhöhte Gewichtung,
- mehrstufige Approximation zunächst allein im Umsteuerbereich und anschließend der gesamten Kennlinie, wobei die zuvor ermittelten Nulldurchgänge jetzt festgehalten werden.

Zweckmäßig werden in jedem Fall gleich die Umkehrfunktionen $P_{uy}^{\pm}(y_V)$, $P_{y\dot{x}}^{\pm}$ $(\dot{x}_K)$, $P_{u\dot{x}}^{\pm}(\dot{x}_K)$ approximiert, da hiermit bereits die Entkopplungsgleichungen für stetige statische Nichtlinearitäten vorliegen. Auch die Nulldurchgänge können als Funktionswerte bei $\dot{x}_K = 0$ direkt angegeben werden. Die Abstände der Nulldurchgänge von negativem und positivem Kennlinienast stellen Schätzungen der Totbereiche $2\varepsilon_{Ty\dot{x}}$, $2\varepsilon_{Ty\dot{x}}$ und $2\varepsilon_{Tuy}$ dar.

Als System-Nullpunkt und damit Ausgangsbasis für Offsetkompensationen der Stell- und Meßsignale wird der Symmetriepunkt in der Mitte der Polynom-Nulldurchgänge von $P_{\dot{x}y}^{\pm}(\dot{x}_K)$ bzw. $P_{\dot{x}u}^{\pm}(\dot{x}_K)$ definiert. Daraus errechnen sich die Offset-Werte:

$$y_{V,offset} = 0{,}5\left[P_{\dot{x}y}^{+}(\dot{x}_K=0) + P_{\dot{x}y}^{-}(\dot{x}_K=0)\right] \tag{3.6}$$

$$u_{offset} = 0{,}5\left[P_{yu}^{+}(y_{V,offset}) + P_{yu}^{-}(y_{V,offset})\right] \tag{3.7}$$

bzw.

$$u_{offset} = 0{,}5\left[P_{\dot{x}u}^{+}(\dot{x}_K=0) + P_{\dot{x}u}^{-}(\dot{x}_K=0)\right] \tag{3.8}$$

Die angegebenen Vorgehensweisen sind grundsätzlich unabhängig von der technischen Realisierung (der Bauart) eines Antriebes, an dieser Stelle werden noch keine prozeßspezifischen Vorkenntnisse berücksichtigt.

Sie sind somit auch z.B. auf elektromechanische oder pneumatische Antriebe übertragbar.

Zur Approximation am realen Antrieb ermittelter Kennlinien genügen Polynome niedriger Ordnung (am Versuchsantrieb : 2. Ordnung) (<u>Bild 3.4</u>). Die Polynome erlauben - in Grenzen - die Extrapolation der Kennlinien auf meßtechnisch nicht mehr erfaßte bzw. erfaßbare Bereiche.

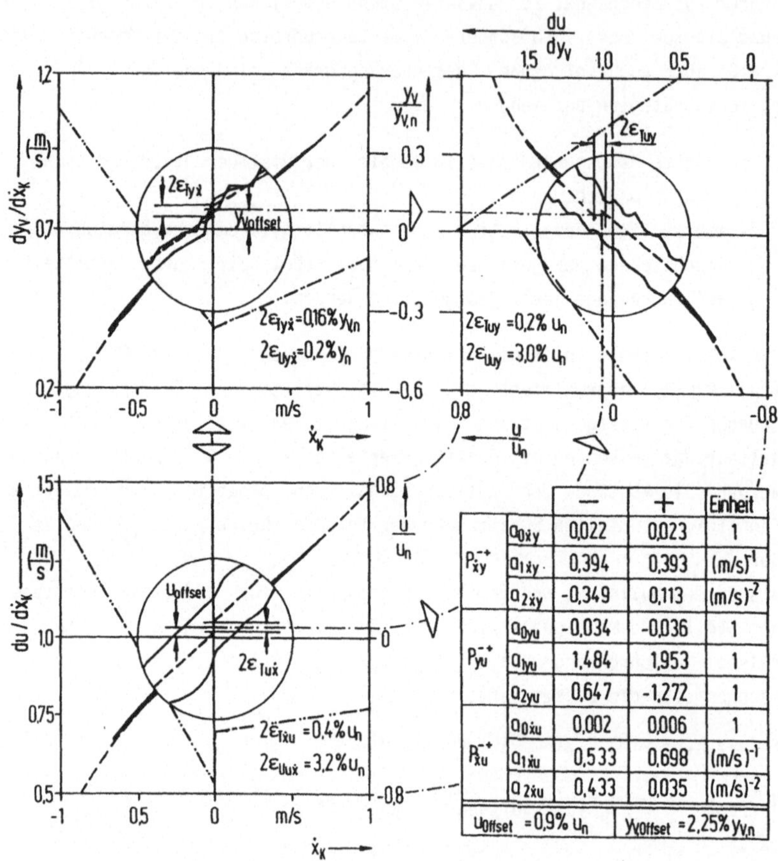

		—	+	Einheit
$P_{\dot{x}y}^{-+}$	$a_{0\dot{x}y}$	0,022	0,023	1
	$a_{1\dot{x}y}$	0,394	0,393	$(m/s)^{-1}$
	$a_{2\dot{x}y}$	-0,349	0,113	$(m/s)^{-2}$
P_{yu}^{-+}	a_{0yu}	-0,034	-0,036	1
	a_{1yu}	1,484	1,953	1
	a_{2yu}	0,647	-1,272	1
$P_{\dot{x}u}^{-+}$	$a_{0\dot{x}u}$	0,002	0,006	1
	$a_{1\dot{x}u}$	0,533	0,698	$(m/s)^{-1}$
	$a_{2\dot{x}u}$	0,433	0,035	$(m/s)^{-2}$
$u_{Offset} = 0,9\% u_n$			$y_{VOffset} = 2,25\% y_{V,n}$	

<u>Bild 3.4</u>: Kennlinienauswertung für den Versuchsantrieb
("P__":Polynome; "a__":Polynomkoeffizienten)

3.3.2 Modellapproximation der statischen Kennlinie $\dot{x}_{K,0}(y_{V,0})$

Die Kennliniengleichung Gl. (2.5a,b) als Grundlage für die Modellapproximation beinhaltet die a-priori nicht bekannten und deshalb zu bestimmenden physikalischen Parameter K_Q', d_N, F_{RC}, F_V, y_0 in einem nichtlinearen Zusammenhang. Dieser ist darüber hinaus je nach Vorzeichen von $y_{V,0}$ und damit der Bewegungsrichtung des Zylinders unterschiedlich und weiterhin nur außerhalb des zunächst nicht quantitativ bekannten Überdeckungsbereichs der Steuerkanten gültig. Die im folgenden aufgezeigte Modellapproximation basiert auf einer mehrschleifigen Iteration in Verbindung mit einer Schätzung auf Basis der Gauß´ schen Methode der kleinsten Fehlerquadrate.

Ansatz zur Kennlinienapproximation

Dazu wird in Gl. (2.5a,b) zunächst eine Substitution durchgeführt. Mit

$$A = -(d_N K_Q'^2)/(2A_1^3) \tag{3.9a}$$

$$B^* = (K_Q'^2/A_1^3)(p_S A_1 - F_V - |F_{RC}|) \tag{3.9b}$$

$$B^{**} = (K_Q'^2/A_1^3)(p_S iA_1 + F_V - |F_{RC}|) \tag{3.9c}$$

erhält man bezüglich der Parameter A, B^*, B^{**} lineare Gleichungen der statischen Kennlinie (<u>Bild 3.5</u>). Die für eine Regression berücksichtigungsfähigen Kennlinienabschnitte sind durch y_R^* und y_R^{**} abgegrenzt.

$$y_{M,0} > y_R^*: \quad \dot{x}_{K,0}^2 - 2Ay_V^{*2}\dot{x}_{K,0} - (B^* y_V^{*2}) = 0 \tag{3.10a}$$

$$y_{M,0} < y_R^{**}: \quad \dot{x}_{K,0}^2 + 2Ay_V^{**2}\dot{x}_{K,0} - (B^{**} y_V^{**2}) = 0 \tag{3.10b}$$

y_V^* und y_V^{**} sind darin Koordinaten der Regressionskurven bei Verschiebung des Ursprunges in deren jeweiligen Nulldurchgang:

$$y_V^* = y_{V,0} - y_0 = y_{M,0} - y_{offset} - y_0 = y_{M,0} - y_0^* \tag{3.11a}$$

$$y_V^{**} = -y_{V,0} - y_0 = -y_{M,0} + y_{offset} - y_0 = -y_{M,0} + y_0^{**} \tag{3.11b}$$

Stehen aus den Kennlinienabschnitten $y_{M,0} \overset{>}{(<)} y_R^{*(**)}$ insgesamt $N^{*(**)}$ Meßwertpaare für $\dot{x}_{K,0}$ und $y_V^{*(**)}$ zur Verfügung, kann Gl. (3.10a,b) für jedes dieser Paare angeschrieben werden. In vektorieller Darstellung ergibt sich zunächst für $\dot{x}_K > 0$ ("*") das Gleichungssystem:

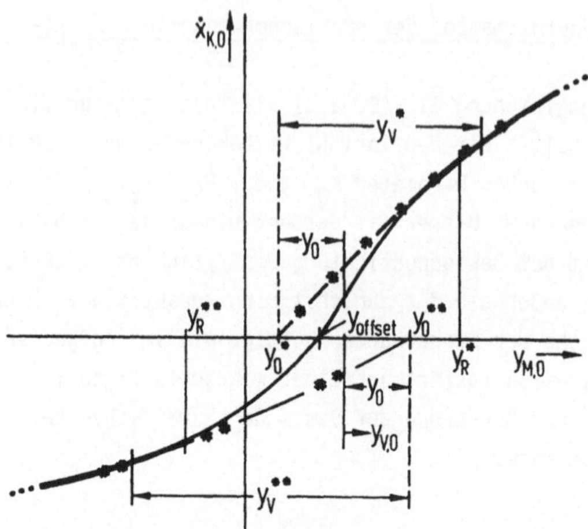

——————— : gemessene statische Kennlinie

-*-/-**- : Regressionskurven für pos./neg. Kolbengeschwindigkeit

$\dot{x}_{K,0}$: stationäre Kolbengeschwindigkeit

$y_{M,0}$: Meßgröße der stationären Ventilschieberstellung

y_{offset} : Offset von y_M bzgl. Ventilschieber-Symmetrielage

$y_R^{**} \cdots y_R^*$: Gesamtüberdeckungsbereich (inkl. infolge Radialspiel)

y_{0_*} : axiale Steuerkantenüberdeckung pos./neg.

y_0^*, y_0^{**} : Nulldurchgänge der Regressionskurven bzgl. $y_{M,0}$

<u>Bild 3.5:</u> Modellapproximation der statischen Kennlinie
des drosselgesteuerten Zylinders

$$\underline{y}^* - \underline{\psi}^* \, \underline{\theta}^* = \underline{0} \tag{3.12}$$

mit

$$\underline{y}^{*T} = [\dots \dot{x}^2_{K,0n}{}^* - 2A y^{*2}_{V,0} \, \dot{x}_{K,0n} \dots] \tag{3.13}$$

$$\underline{\psi}^{*T} = [\dots \underline{\psi}_n^{*T} \dots] \tag{3.14}$$

wobei

$$\underline{\psi}_n^{*T} = [\; y_{V,n}^{*2} \;] \tag{3.15}$$

$$\underline{\theta}^* = [\; B^* \;] \tag{3.16}$$

Schätzwerte des Parametervektors $\underline{\theta}^*$ erhält man durch Anwendung der
"Methode der kleinsten Fehlerquadrate" (direkte Least-Squares-
Schätzung, kurz "LS"-Schätzung, vgl. Gl. (A2.24)):

$$\underline{\hat{\theta}}^* = \left[\underline{\psi}^{*T}\,\underline{\psi}^*\right]^{-1}\underline{\psi}^{*T}\,\underline{y}^* \tag{3.17}$$

Für den negativen Kennlinienast mit $\dot{x}_K < 0$ ("**") gelten Gl. (3.12)ff entsprechend. Nach Durchlaufen der Modellapproximation können physikalische Parameter aus den Schätzparametern $\hat{A}$ und $\hat{B}^{*(**)}$ durch algebraische Umformung der Substitutionsgleichungen rückgerechnet werden:

$$\hat{d}_N = -2\hat{A}A_1^{\,3} / \hat{K}_Q^{\prime 2} \tag{3.18}$$

$$\hat{K}_Q^{\prime} = \sqrt{A_1^{\,3}(\hat{B}^* - \hat{B}^{**}) / (A_1\,p_S(1-i) - 2F_V)} \tag{3.19}$$

$$|\hat{F}_{RC}| = (A_1 p_S(i\hat{B}^* - \hat{B}^{**}) + F_V(\hat{B}^* + \hat{B}^{**})) / (\hat{B}^* - \hat{B}^{**}) \tag{3.20}$$

Voraussetzung für die Berechnung ist, daß Vorschubkraft, Systemdruck und Kolbenflächen wertmäßig bekannt sind. Der eigentliche Approximationsalgorithmus besteht im Kern aus obiger LS-Schätzung für die Parameter $\hat{B}^*$ bzw. $\hat{B}^{**}$, jeweils bezogen auf den zugehörigen Kennlinienast. Überlagert sind zwei geschachtelte Iterationsschleifen zur Ermittlung der Steuerkantenüber- bzw. -unterdeckung und des für beide Kennlinienäste identisch anzusetzenden Schätzparameters $\hat{A}$.

Innere Iterationsschleife zur Bestimmung der Steuerkantenüberdeckung
=====

Die jeweilige Approximation der Kennlinienäste wird umso besser, je genauer beim Auffüllen der Meßwertmatrix $\underline{\psi}^{*(**)}$ die Koordinatenwerte $\hat{y}_0^{*(**)}$ zur Korrektur der Meßwerte $y_{M,0n}$ vorgegeben wurden (Gl. (3.11)). Die iterative Minimierung der relativen Quadratsumme des Ausgangsfehlers nach vorheriger LS-Schätzung für den positiven Kennlinienast ("*")

$$FQS_{\dot{x}}^*(y_0^*) = \frac{1}{N^*}\sum_{n=1}^{N^*}(\dot{x}_{K,0n} - \hat{\dot{x}}_{K,0n})^2 \tag{3.21}$$

mit

$$\hat{\dot{x}}_{K,0n} = +Ay_{V,n}^* + \sqrt{A^2 y_{V,n}^{*4} + B^* y_{V,n}^{*2}} \tag{3.22a}$$

führt auf y_0^*. Entsprechendes gilt wieder für den negativen Ast ("**"), wobei einzusetzen ist:

$$\hat{\dot{x}}_{K,0n} = -Ay_{V,n}^{**} + \sqrt{A^2 y_{V,n}^{**4} + B^{**} y_{V,n}^{**2}} \tag{3.22b}$$

Es werden dazu ausschließlich außerhalb des erwarteten Über-/Unterdeckungsbereiches liegende Kennlinienabschnitte ausgewertet. Dies geschieht durch großzügige Abschätzung und anschließende <u>Vorgabe</u> der die berücksichtigungsfähigen Kennlinienäste begrenzenden Ventilschieberpositionen $y_R{}^*$ bzw. $y_R{}^{**}$.

<u>Äußere Iterationsschleife zur Bestimmung des Schätzparameters $\hat{A}$</u>

In der äußeren Schleife erfolgt die Minimierung der Ausgangsfehler Gl. (3.21) mit

$$\text{Max} \left[FQS_{\dot{x}}{}^*, \ FQS_{\dot{x}}{}^{**} \right] \overset{!}{=} \text{Min.} \tag{3.23}$$

mit <u>wertgleich vorgegebenen</u> $\hat{A}^* = \hat{A}^{**} = \hat{A}$ als Parameter. Physikalisch sinnvolle Lösungen ergeben sich ausschließlich für Werte $\hat{A} \overset{!}{\leq} 0$ (nach Gl. 3.18 mit $d_N \geq 0$). Weiterhin ist nach jedem Iterationsschritt und Rückrechnung mit Gl. (3.20) die Bedingung $|F_{RC}| \geq 0$ zu prüfen. Das Ergebnis einer derartig durchgeführten Modellapproximation der am Versuchsantrieb erfaßten statischen Kennlinie $\dot{x}_{K,0}(y_{V,0})$ ist beispielhaft in <u>Bild 3.6</u> aufgezeigt. Zur Gütebewertung sind zugleich die mit Hilfe konventioneller Meßmethoden und zusätzlicher Sensorik zur Messung des Lastdruckes ermittelten Kennlinien bzw. Kennwerte eingetragen.

Der Vergleich der nach beiden Methoden bestimmten Kennwerte zeigt bei den ermittelten Steuerkantüberdeckungen geringe,bei F_{RC} (Coulomb´ sche Reibung) und d_N (Newton´ scher Reibbeiwert) jedoch größere Unterschiede auf. Hierbei ist jedoch zu berücksichtigen, daß diese Kraftanteile infolge der Rollenführung des Schlittens äußerst klein (nur wenige %) im Vergleich zur maximalen Kolbenkraft ($p_S \cdot A_1$) sind. Ursachen für derartige Fehlinterpretationen resultieren aus der geringen Separierbarkeit von im Gesamtverhalten nur schwach hervortretenden physikalischen Effekten sowie aus im Modellansatz unberücksichtigten Nebeneinflüssen, z.B:

* Druckabfälle an passiven Durchflußwiderständen zwischen Ventil und Zylinder,
* mit der Ventilöffnung veränderlicher Strömungswinkel an den Steuerkanten, so daß keine exakte Proportionalität zwischen Strömungsquerschnitt und Ventilschieberstellung besteht,
* nicht exakt Newton´ sche Reibcharakteristik.

Bei Antriebskonfigurationen mit größeren Reibbeiwerten (z.B. Gleitlager) kann erwartet werden, daß auch die Modellapproximation relativ genauere Ergebnisse liefert.

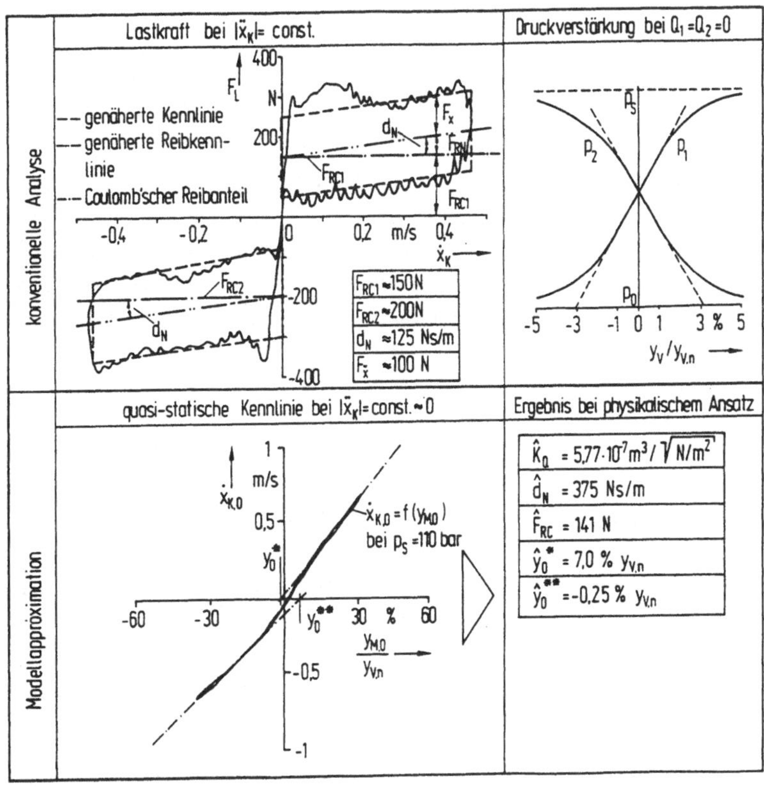

Bild 3.6: Konventionelle Kennwertbestimmung und Modellapproximation statischer Kennlinien des Versuchsantriebs

Grundsätzlich geeignet ist die beschriebene Methode zur Abschätzung von Einflußgrößen in ihrer gegenseitigen Größenordnung, z.B. innerhalb turnusmäßig durchzuführender Kontrollmessungen an servohydraulischen Antrieben, zur Fehlerdiagnose und im Hinblick vorbeugender Wartung. Durch Vergleich aktueller Approximationsergebnisse mit denjenigen, die im Neuzustand ermittelt wurden, können Veränderungen des Systemverhaltens mit deren Ursachen erkannt und quantitativ abgeschätzt werden. Dies betrifft sowohl Veränderungen, die plötzlich auftreten, als auch solche, die durch normalen Verschleiß hervorgerufen werden (z.B. Erosion an den Ventilsteuerkanten, Reibwertzunahme der Schlittenführung).

3.4 Zusammenfassung

Statische Kennlinien sowie Übergangsvorgänge nach Großsignalanregung geben Aufschluß über relevante lineare und nichtlineare Antriebseigenschaften. Zu deren Erfassung im betriebsfertigen Zustand wurden geeignete Strategien entwickelt. Für die Auswertung der als diskrete Punktfolgen störungsbehafteter Signale vorliegenden Kennlinien wurden statistische Methoden vorgeschlagen. Diese erlauben nun die prozeßrechnergestützt-automatisierte statische Analyse von Antrieben.

Auf Grundlage der Polynomapproximation statischer Kennlinien konnten charakteristische Kennliniendeskriptoren zunächst separiert und anschließend quantitativ bestimmt werden. Zur Modellapproximation physikalischer Kennliniengleichungen für servohydraulische Vorschubantriebe wurde ein Lösungsweg aufgezeigt. Damit wird die Abschätzung physikalischer bzw. konstruktiver Parameter sowohl für Zwecke der Modellbildung als auch für Diagnoseaufgaben ermöglicht.

Die Modellierung des dynamischen Verhaltens außerhalb von Begrenzungen erfordert ebenfalls eine mehrstufige Vorgehensweise. Geeignet erscheinende Verfahren werden im folgenden ausgewählt und unter den Randbedingungen des vorliegenden Einsatzfalles bewertend gegenübergestellt.

4 Leistungsvergleich von Parameterschätzverfahren
zur Identifikation der dynamischen Prozeßmodelle

Im folgenden werden zunächst geeignet erscheinende Verfahren für zeitdiskrete, lineare und nichtlineare Prozesse vorläufig ausgewählt und
danach weitere anwendungsorientierte Anforderungen an die Parameteridentifikation formuliert. Die experimentelle Identifikation beinhaltet
eine Vielzahl freier Parameter zur Einstellung des Testsignals, bei der
Meßwerterfassung, bei der Wahl des Modellansatzes und bei der Handhabung
der jeweiligen Identifikationsverfahren. Diese Einflußgrößen bedürfen im
Hinblick auf die Erzielung eines optimalen Identifikationsergebnisses
sowie der Entwicklung automatisierungsfähiger Ablaufstrategien einer
systematischen Untersuchung.

Für die spätere Bewertung sowohl der Verfahren als auch der Modellansätze sowie der Erarbeitung derartiger - algorithmierbarer - Anwendungsrichtlinien ist deshalb im weiteren zunächst die Definition von
objektiven Gütekriterien für den Verlauf und das Ergebnis der Parame-
terermittlung notwendig.

Darauf aufbauend können im Anschluß einfache Regeln für eine positive
Beeinflussung der Identifikation durch entsprechend günstige Einstellung
von Prozeßanregung und Meßwerterfassung angegeben werden. Die daran
anschließende Untersuchung verschiedener Modellansatzvarianten zur
Nachbildung von Teilprozessen mit stetigem Eingangssignalverlauf aufgrund nicht vernachlässigbarer Stellglieddynamik (z. B. Teilprozeß
"drosselgesteuerter Zylinder" mit Stellglied "Ventilschieber") geschieht
ebenfalls anhand obiger Gütekriterien.

Die Prozeßmodelle dienen primär dem Entwurf geeigneter Regler. Es sind
bevorzugt solche Beschreibungsformen zu wählen, für die die Regelungstheorie ausreichend Grundlagen zu einem methodischen Vorgehen bei der
Reglersynthese bereitstellt. Dies gilt in besonderem Maße für lineare
Prozeßmodelle. Die theoretische Modellierung drosselgesteuerter hydraulischer Vorschubantriebe entsprechend Kap. 2 führte auf Prozeßmodelle
für den Ventilschieber und den drosselgesteuerten Zylinder mit einer
Vielzahl gleichzeitig wirksamer Einflußgrößen in einem nichtlinearen
Zusammenhang.

Wie in Kap. 2 gezeigt, ist jedoch eine Linearisierung in Arbeitspunkten möglich. Während der Teilprozeß des Ventilschiebers zeitlich unbegrenzt in jedem beliebigen Arbeitspunkt betrieben werden könnte, sind diese beim drosselgesteuerten Zylinder jedoch nur als Momentaufnahmen zu verstehen. Zwangsläufig stellt sich mit der Arbeitspunktkoordiate $y_{V,0} \neq 0$ (vgl. Gl. (2.5) auch eine Kolbengeschwindigkeit $\dot{x}_{K,0} \neq 0$ ein, mit der die zweiten Arbeitspunktkoordinaten $x_{K,0}$ durchfahren werden. Die Übertragungsfunktion zumindest dieses einen Teilprozesses ist deshalb auch bei linearisierter Betrachtung als zeitvariant anzusehen:

$$G_K = f(y_{V,0}, \ x_{K,0}(t)) \qquad (4.1)$$

Stellvertretend für diese beiden realen Teilprozesse werden prozeßähnliche, jedoch eindeutig parametrierbare Simulationsmodelle für eine systematische Untersuchung der ausgewählten Identifikationsverfahren verwendet. Dabei werden die Verfahren bewertend gegenübergestellt und verfahrensspezifische Anwendungsregeln erarbeitet. Die daraus resultierenden Ergebnisse sind im weiteren Grundlage für die eigentliche Realisierung der automatisierten Identifikation dynamischer Prozeßmodelle.

4.1 Vorauswahl von Schätzverfahren

Bei der parametrischen Identifikation werden die Parameter eines dynamischen Prozeßmodelles durch experimentelle Analyse auf Grundlage gemessener Ein-/Ausgangsignale quantitativ ermittelt. Infolge der zeitdiskreten Arbeitsweise von Prozeßrechnern in einem Abtastsystem liegen die für die Identifikation erfaßten Prozeßeingangs- und Ausgangssignale als Folgen zeitdiskreter Abtastwertepaare vor. Weiterhin sind die Signalwerte in der Regel störungsbehaftet, da einerseits Störungen in analog realisierten Teilen der Meßkette nicht völlig auszuschließen sind und außerdem bei der Digitalisierung Quantisierungsfehler entstehen.

Zur parametrischen Identifikation linear-zeitvarianter, gestörter, zeit-diskreter Prozesse sind eine Reihe von Verfahren bekannt. Sie werden als Parameterschätzverfahren bezeichnet. Eine umfassende Übersicht über Verfahren zur Identifikation zeitvarianter Prozesse bietet /25/. Die meisten der dort angegebenen Verfahren beruhen im Kern auf der Gauß´-schen Methode der kleinsten Fehlerquadrate ("Least-Squares"-Verfahren) und sind Modifikationen der Schätzverfahren für zeitinvariante Prozesse. Eine Bewertung der wichtigsten Schätzverfahren wird in /26,27/ an-hand der Schätzung linearer, stochastisch gestörter zeitinvarianter Testprozesse vorgenommen. Zeitvariante Prozesse mit sich sprungförmig ändernden Parametern werden in /28,37/ untersucht.

Der Leistungsvergleich in /26,27/ mit den Kriterien Konvergenzverhalten und Zuverlässigkeit bei Störsignaleinwirkung ermöglicht für die vor-liegende Problemstellung bereits eine Vorauswahl der Verfahren

* Least-Squares-Methode   "LS"
* 3. Erweiterte Matrizen-Methode   "3EM"
* Instrumentelle Variablen-Methode   "IV"

in ihren Varianten mit zeitlicher Gewichtung von Meßwerten für zeitva-riante Prozesse.

Zielsetzung jedes der angeführten Parameterschätzverfahren ist die Schätzung des Modell-Parametervektors $\underline{\theta}$ mit

$$\underline{\theta}^{T} = \left[a_1, a_2, \dots a_n; b_1, b_2 \dots b_n \right] \qquad (4.2)$$

Die Elemente von $\underline{\theta}$ entsprechen dabei den Koeffizienten der z-Über-tragungsfunktion des zeitdiskreten Modells (Bild 4.1):

$$G(z) = \frac{b_1 z^{-1} + b_2 z^{-2} + \dots + b_n z^{-n}}{1 + a_1 z^{-1} + a_2 z^{-2} + \dots + a_n z^{-n}} \qquad (4.3)$$

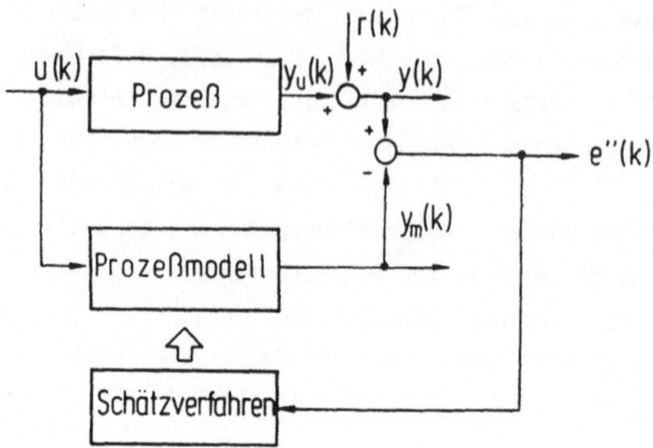

Bild 4.1: Struktur des Identifikationsansatzes

Die Schätzung der Teilmodelle des hydraulischen Antriebs mit seinem arbeitspunktabhängig parametervarianten Verhalten erfordert über den heute zu den Schätzverfahren vorliegenden Erkenntnissen hinaus die Bewertung der Leistungsfähigkeit unter anwendungsspezifischen Randbedingungen. Neben der Forderung nach möglichst geringem Rechenaufwand für eine Implementierung auf den Mikrorechner sollten die Schätzverfahren

* eine kurze Startphase besitzen und damit schnell konvergieren,
* die Schätzparameter zeitvarianter Prozesse mit
  geringem zeitlichen "Abstand" adaptieren können,
* im Hinblick auf einen automatisierten Ablauf einfach handhabbar
  sein und somit möglichst wenige Einstellparameter besitzen.

Zur Frage der Leistungsfähigkeit der ausgewählten Verfahren interessiert weiterhin insbesondere deren Empfindlichkeit auf

* Störsignaleinwirkungen auf analog übertragende Eingangs- oder
  Ausgangssignale der Strecke,
* Quantisierungseffekte durch inkrementell arbeitende Meßsysteme
  bzw. bei der A/D-Umsetzung analoger Signale,
* die Änderungsrate der zu identifizierenden Prozeßparameter.

Außerdem sind Fragen zur Handhabbarkeit zu klären hinsichtlich

* der Beeinflussung der Schätzgüte durch günstige Prozeßanregung und Signalerfassung,
* der minimal notwendigen Anzahl auszuwertender Meßwertsätze für eine erfolgreiche Schätzung,
* der Kriterien zur optimalen Vorgabe freier Einstellparameter für die jeweiligen Schätzverfahren.

In Anhang A1 werden die jeweiligen Schätzansätze der vorläufig ausgewählten Verfahren dargestellt. Anhang A2 zeigt die Entwicklung der Schätzgleichungen. Für die Implementierung im Mikrorechner sind insbesondere für on-line-Anwendungen die rekursiven ("R--") /28/ bzw. pseudorekursiven Lösungsalgorithmen auf Basis einer speziellen Orthogonaltransformation ("O--") /29/ geeignet. Diese sind in Anhang A3 angeführt.

Numerischer Aufwand der Schätzverfahren

Bei einer on-line-Identifikation muß der Rekursionsalgorithmus im Zeitraster der Abtastzyklen vollständig durchlaufen werden können. Auch bei einer off-line-Anwendung der Schätzverfahren, bei der sich die Parameterschätzung erst nach Abschluß der gesamten Meßwerterfassung anschließt, sollte der Rechenzeitbedarf zur Vermeidung zu großer Wartezeiten möglichst gering sein. Aus diesem Grund ist die auf Orthogonaltransformation beruhende numerische Lösungsmethode der rekursiven Form vorzuziehen (Bild 4.2).

Bei Modellansätzen kleiner Ordnung ($n \leq 4$) ist jedoch die RIV-Methode auch der O3EM-Methode überlegen. Erst bei größerer Modellordnung bleibt der numerische Aufwand der O3EM-Methode geringer als bei der RIV-Methode. Wegen des numerischen Aufwand scheiden die rekursiven Algorithmen der EM-Methoden deshalb bereits in einer Vorauswahl aus. Hinsichtlich der Wahl zwischen der LS-, der RIV- und den EM-Methoden müssen jedoch noch weitere grundlegende Untersuchungen zur Leistungsfähigkeit und Anwendbarkeit angestellt werden.

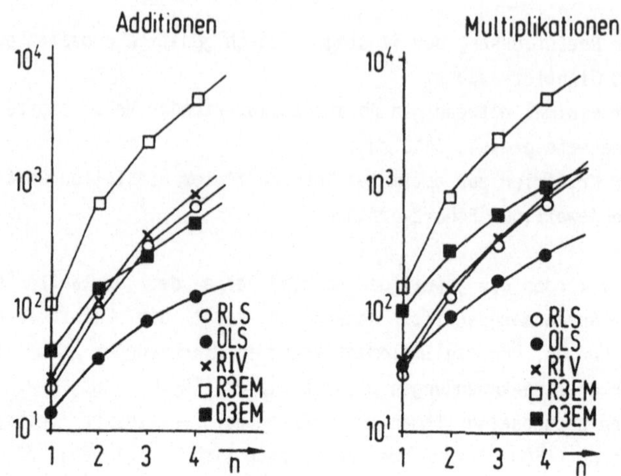

Bild 4.2: Numerikaufwand rekursiver Schätzverfahren je Schritt
(n: Modellordnung)

4.2 Gütekriterien zur Bewertung der Parameterschätzung

Die Qualität einer Parameterschätzung äußert sich einerseits im Schätzverlauf der Modellparameter nach jedem berücksichtigten Meßwertsatz,
andererseits in der Modellgüte am Ende der Schätzung.
Für die nachfolgend aufgezeigten simulativen Untersuchungen sind die
tatsächlichen Modellparameter der Testprozesse jederzeit bekannt und
bilden damit die Vergleichsbasis für den Schätzverlauf. In der Praxis
fehlen diese; die Gütebewertung kann allein durch Vergleich von Prozeß-
und rekonstruiertem Modellausgangssignal am Ende der Schätzung erfolgen.

4.2.1 Kriterien für die Güte des Schätzverlaufes

Auf Grundlage der in der Simulation stets bekannten tatsächlichen Modellparameter werden die nach jedem Rekursionsschritt neu ermittelten
Schätzparameter einem Vergleich unterzogen. Im Hinblick auf die Identifikation zeitvarianter Prozesse werden dabei die Startphase und die
Adaptionsphase des Schätzverlaufes unterschiedlich bewertet (**Bild 4.3**).

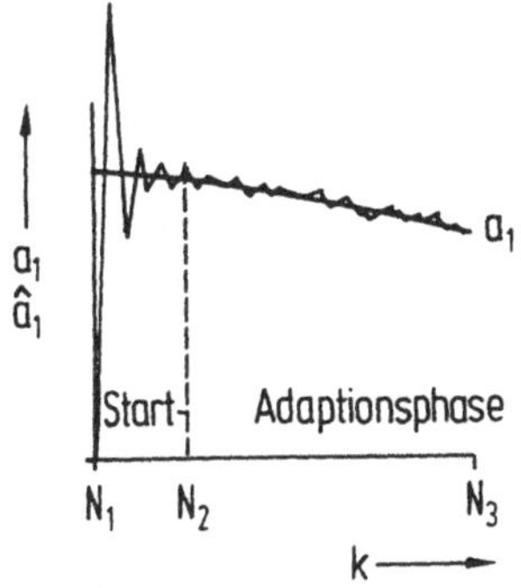

Bild 4.3:
Beispiel für den
Schätzverlauf eines
Modellparameters von
einem parameterver-
änderlichen Prozeß

Kriterium für die Startphase

In der Startphase soll die Schätzung nach möglichst wenigen Rekursions-
schritten möglichst genaue Schätzwerte der Modellparameter liefern. Als
aussagekräftiges Kriterium erwies sich ein dem ITAE-Kriterium der Regelungstheorie (z.B. /30/) entsprechendes Bewertungsmaß. Es ergibt sich
für den Fehlervektor der Startphase $\underline{E}_{\theta S}$:

$$\underline{E}_{\theta S} = \sum_{k=N_1}^{N_2} (k-N_1+1) \left| \frac{\theta - \hat{\theta}}{\underline{\theta}} \right| / \sum_{K=N_1}^{N_2} (k-N_1+1) \tag{4.4}$$

$$\underline{E}_{\theta S} = \left[\varepsilon_{a1S}, \ldots, \varepsilon_{anS}; \varepsilon_{b1S}, \ldots, \varepsilon_{bnS} \right]^T \tag{4.5}$$

Kriterium für die Adaptionsphase

In der Adaptionsphase soll die Parameterschätzung den sich kontinuier-
lich ändernden Prozeßparametern mit möglichst geringem Fehler folgen
können. Mit Hilfe des Mittelwertes aller in einem Schätzverlauf während
der Adaption anfallenden Schätzfehler $\underline{E}_{\theta A}$, mit

$$\underline{E}_{\theta A} = (\sum_{k=N_2+1}^{N_3} \left| \frac{\theta - \hat{\theta}}{\underline{\theta}} \right|) / (N_3 - N_2) \tag{4.6}$$

wird die Adaptionsfähigkeit bewertet. Hier besteht eine Entsprechung zum IAE-Kriterium der Regelungstheorie (z.B. /30/).

Aus in **Kapitel 4.4** näher erläuterten Gründen werden insbesondere bei der Schätzung von Teilprozessen mit vorgeschaltetem zeitkontinuierlichem Stellglied die einzelnen Zählerkoeffizienten des Modells fehlerhaft, in der Summe jedoch richtig geschätzt. Die Parameterschätzung insgesamt ist dabei nicht zwingend als falsch zu bewerten, solange die Nennerparameter zutreffend ermittelt werden.

Zur Beurteilung der Schätzgüte der Zählerparameter des Modells wird deshalb ausschließlich der relative Fehler zwischen den Summen der b-Parameter herangezogen:

$$\varepsilon_{bS} = \sum_{k=N_1}^{N_2} (k-N_1+1) \cdot \frac{\sum\limits_{i=1}^{n} b_i - \sum\limits_{i=1}^{n} \hat{b}_i}{\sum\limits_{i=1}^{n} b_i} \; / \sum_{k=N_1}^{N_2} (k-N_1+1) \quad (4.7)$$

bzw.

$$\varepsilon_{bA} = \sum_{k=N_2+1}^{N_3} \frac{\sum\limits_{i=1}^{n} b_i - \sum\limits_{i=1}^{n} \hat{b}_i}{\sum\limits_{i=1}^{n} b_i} \; / \; (N_3 - N_2) \quad (4.8)$$

Definition des Modellfehlers

Auswertungen der Schätzgüte von simulierten Testprozessen mit Hilfe der o.g. Kriterien bei den verschiedensten Variationen von Anregungssignal, Quantisierungsstufung bei der Meßwerterfassung sowie der Einstell-Parameter der einzelnen Parameterschätzverfahren ergaben für die relativen gemittelten Schätzfehler der einzelnen Modellparameter Wertefolgen gleicher Größenordnung und Charakteristik. Dies gilt sowohl für die Parameterfehler in der Startphase ε_{a1S}, ε_{a2S}...., ε_{bS} als auch diejenigen der Adaptionsphase der Schätzung ε_{a1A}, ε_{a2A}...., ε_{bA}. Diese Eigenschaft berechtigt zu der Einführung eines weiteren Kriteriums zur Beurteilung der Güte des gesamten Schätzmodells in einem einzigen Zahlenwert. Der

"Modellfehler" $\bar{E}_{MS}$ bzw. $\bar{E}_{MA}$ wird durch Mittelung über die einzelnen relativen mittleren Parameterfehler der Start- bzw. Adaptionsphase gewonnen:

$$\bar{E}_{MS} = \left[\sum_{i=1}^{n} (\varepsilon_{aiS}) + \varepsilon_{bS} \right] / (n+1) \tag{4.8}$$

$$\bar{E}_{MA} = \left[\sum_{i=1}^{n} (\varepsilon_{aiA}) + \varepsilon_{bA} \right] / (n+1) \tag{4.9}$$

Die in /32/ aufgezeigte Eigenschaft, daß einzelne bzw. gemittelte Parameterfehler nicht immer absolut aussagekräftig die Güte eines Schätzmodells in seiner Gesamtheit angeben, wird dabei hingenommen.

4.2.2 Kriterien für die Güte des Schätzergebnisses

Zur Gütebeurteilung der Schätzmodelle realer Prozesse liegen im allgemeinen keine Vorkenntnisse über die tatsächlichen Systemparameter vor, anhand derer ein Vergleich mit den geschätzten Modellparametern möglich wäre. Grundlage für die Beurteilung des Schätzmodells können deshalb allein gemessene Zeitverläufe des realen Systems sowie die entsprechenden mit Hilfe des Modells rekonstruierten sein. Die Gütebeurteilung ist Grundlage für vergleichende Bewertungen von Schätzergebnissen, in der Praxis aber auch Entscheidungsgrundlage, ob Parameterschätzungen eventuell mit neuen Meßwertsätzen wiederholt werden müssen. In der Literatur wird meist der Vergleich von Übergangsfunktionen in Arbeitspunkten des realen Prozesses und des Prozeßmodells /26,27,28/ vorgeschlagen. Diese Methode ist sehr anschaulich, unterliegt aber einer starken subjektiven Bewertung. Stationäre Abweichungen der Ausgangssignale sowie unterschiedliche Signalverstärkung werden dadurch meist überbewertet. Zum anderen können bei servohydraulischen Vorschubantrieben definierte Arbeitspunkte, aus denen heraus der Übergang erfolgen soll, nicht stationär angefahren werden (s. Abschnitt 4.1). Weiterhin wird häufig als Vergleichskriterium der mittlere quadratische Fehler zwischen den diskreten Gewichtsfunktionen von realem Prozeß und

Modell verwendet (z.B. /26/). Dieses Kriterium ist jedoch nur dann anwendbar, wenn sich als Anregung des realen Prozesses auch ein impulsförmiges Eingangssignal erzeugen läßt. Infolge der begrenzten Ventildynamik servohydraulischer Antriebe ist diese Bedingung zumindest für den Teilprozeß des drosselgesteuerten Zylinders nicht erfüllt. Beide vorgenannte Bewertungskriterien sind deshalb für die vorliegende Aufgabenstellung unbrauchbar.

In /31/ wird die Beurteilung der Modellgüte mit Hilfe des diskreten Leistungsdichtespektrums des Ausgangsfehlersignals vorgeschlagen. Auch bei hohen Störpegeln liefert dieses Verfahren noch Aussagen über die Bandbreite der Übereinstimmung von Prozeß und Modell. Nachteilig ist allerdings der erhöhte Rechenaufwand infolge der dafür erforderlichen diskreten Fouriertransformation.

Unter den Gesichtspunkten der praktischen Anwendung, insbesondere der Programmlänge und des Rechenzeitbedarfs bei der Implementierung auf Mikrorechner, erscheint es deshalb sinnvoller, vom direkten Vergleich der Ausgangssignale auszugehen. Unterschiede in den Signalverläufen infolge fehlerhafter Schätzung der Verstärkung im Arbeitspunkt müssen dazu jedoch von den dynamischen Signalanteilen separiert und getrennt bewertet werden. Für eine vergleichende Betrachtung ist weiterhin eine Fehlernormierung erforderlich.

Schätzfehler der dynamischen Verstärkung im Arbeitspunkt

Fehler der dynamischen Verstärkung des Schätzmodells im Arbeitspunkt $F_{V,dyn}$ werden durch Vergleich der Schwankungsanteile des Prozeß- und des Modellausgangssignales analysiert (<u>Bild 4.4</u>).

Es ergibt sich

$$F_{V,dyn} = \left[\sum_{k=N_1}^{N_3} |y(k)-y_0| \right] / \left[\sum_{k=N_1}^{N_3} |\hat{y}(k)-y_0)| \right] - 1 \qquad (4.11)$$

Das rekonstruierte Ausgangssignal kann anschließend korrigiert werden:

$$\hat{y}'(k) = (\hat{y}(k)-y_0) / (F_{V,dyn}+1) + y_0 \qquad (4.12)$$

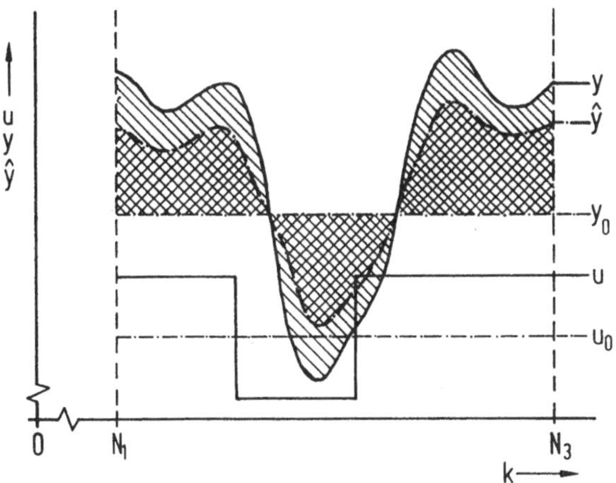

Bild 4.4: Fehlerbehaftete Rekonstruktion des Ausgangssignalverlaufs aufgrund falscher Schätzung der Verstärkung im Arbeitspunkt

Schätzfehler der Modelldynamik

Die nach Korrektur des rekonstruierten Ausgangssignales $\hat{y}^{\sim}$ (k) entsprechend Gl (4.12) verbleibenden Abweichungen zum Prozeßausgangssignal y(k) beruhen unter der Voraussetzung eines kleinen Stör-/Nutzsignalverhältnisses allein auf unterschiedlichen dynamischen Eigenschaften von Prozeß und Schätzmodell im betrachteten Arbeitspunkt. Diese Fehler können anschaulich durch die "betragslineare Fehlerfläche" I_{FB} oder auch die "quadratische Fehlerfläche" I_{FQ} gekennzeichnet werden. Zur Normierung der Fehlerflächen wird in der Literatur meist die betragslineare bzw. quadratische Fläche zwischen dem Ausgangssignal y(k) und dessen Gleichanteil y_0 benutzt. Diese Normierung ist im vorliegenden Fall jedoch ungeeignet, weil statische Signalanteile die Normierungsgröße unter Umständen sehr stark anwachsen lassen, die Fehlerflächen jedoch ausschließlich aus Signalunterschieden im dynamischen Anteil resultieren (Bild 4.5).

Für die Fehlernormierung geeignet ist allein eine Größe, die die <u>Summe der dynamischen Signalanteile</u> beinhaltet. Für ihre Berechnung wird zunächst ein fiktives Signal $\tilde{y}$(k) eingeführt:

$$\tilde{y}(k) = y_0 + \text{sign}\ (y(k)-y_0)\Delta y_m \tag{4.13}$$

Δy_m kennzeichnet den mittleren Schwankungsanteil des Signals $y(k)$ um seinen Gleichanteil als betragslinearer Schwankungsanteil:

$$\Delta y_m = \Delta y_{mB} = \frac{1}{N_3-N_1+1} \sum_{k=N_1}^{N_3} |y(k) - y_0| \tag{4.14a}$$

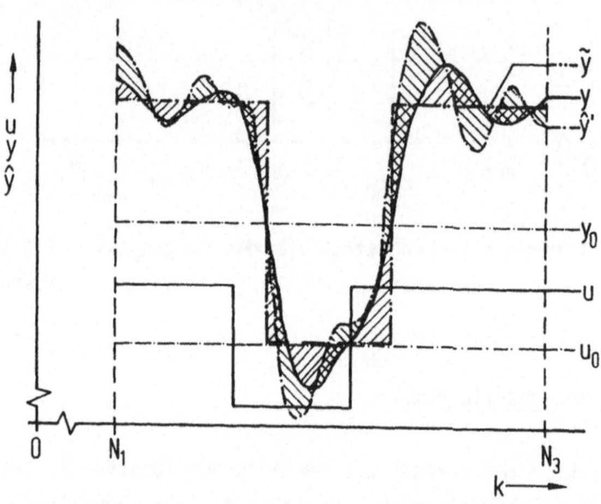

Bild 4.5: gemessene Ein-Ausgangssignale und fehlerbehafteter rekonstruierter Ausgangssignalverlauf aufgrund falscher Schätzung der Dynamik

bzw. als quadratischer Schwankungsanteil (Standardabweichung):

$$\Delta y_m = \Delta y_{mQ} = \left[\frac{1}{N_3-N_1+1} \sum_{k=N_1}^{N_3} (y(k) - y_0)^2\right]^{1/2} \tag{4.14b}$$

Die betragslineare bzw. quadratische Fläche zwischen dem Prozeßausgangssignal $y(k)$ und dem fiktiven Signal $\tilde{y}(k)$ mit gleichem Signalbetrag bzw. Effektivwert (I_{DB} bzw. I_{DQ}) quantifiziert dessen "dynamischen Anteil". Der Fehler der Modelldynamik errechnet sich somit als betragslinearer Fehler zu

$$F_{dyn,B} = I_{FB} / I_{DB} \qquad (4.15a)$$

bzw. als quadratischer Fehler zu

$$F_{dyn,Q} = \left[I_{FQ} / I_{DQ} \right]^{0,5} \qquad (4.15b)$$

Der dynamische Signalfehler kennzeichnet die mittleren betragslinearen bzw. quadratischen Abweichungen der dynamischen Signalbestandteile zwischen Modell- und Prozeßausgangssignal im Verhältnis zum Gesamtanteil der dynamischen Signaländerungen. Durch die eingeführten Normierungen sind die so errechneten Fehlerwerte weitgehend unabhängig von der Art der Prozeßanregung, dessen Intensität und Dauer.

Zur Veranschaulichung, wie Modellfehler aus dem rekonstruierten Ausgangssignal mit Hilfe des dynamischen Fehlers erkannt und je nach gewähltem Kriterium -betragslinear oder quadratisch- quantifiziert werden können, sind in __Bild 4.6__ die Ergebnisse der Fehleranalyse der Ausgangssignale fehlerbehafteter Prozeßmodelle dargestellt. Prozeß und Modell sind dabei jeweils lineare Übertragungsglieder 2.Ordnung. Unterschiedliche Eigenfrequenzen von Prozeß und Modell verursachen erheblich größere dynamische Signalfehler (Bild 4.6a) als relativ gleich große Unterschiede in den Dämpfungen (Bild 4.6c). Die Fehler wachsen zudem mit abnehmender Prozeßdämpfung (Bild 4.6a). Gleichzeitiges Auftreten von fehlerbehafteter Modelldämpfung und Eigenfrequenz führt zu Fehlerwerten, die in erster Näherung denjenigen der reinen Eigenfrequenzfehler entsprechen. Bild 4.6b,d zeigen, daß fehlerbehaftete Modellparameter (Eigenfrequenz, Dämpfung) auch Anteile zum Fehler der dynamischen Verstärkung $F_{V,dyn}$ liefern, wobei sich die Anteile infolge falscher Eigenfrequenz und falscher Dämpfung näherungsweise additiv überlagern (Bild 4.6f).

Der betragslineare und der quadratische dynamische Fehler ist bei allen im Bild 4.6 ausgewerteten Modellfehler nahezu gleich groß. Unterschiede können in der gewählten Darstellung nicht mehr aufgelöst werden. Im folgenden wird deshalb allein der betragslineare dynamische Fehler ausgewertet.

Die Fehlerdiagramme sind Grundlage zur Festlegung eines Gütekriteriums für eine Parameterschätzung. Wird beispielsweise für das Prozeßmodell eine relative Abweichung von der Prozeßeigenfrequenz $\Delta\omega_{0zul} / \omega_{0p}$ zugelassen, so ergibt sich daraus bei näherungsweiser Vorkenntnis der Prozeßdämpfung der zulässige dynamische Fehler $F_{dyn,zul}$.

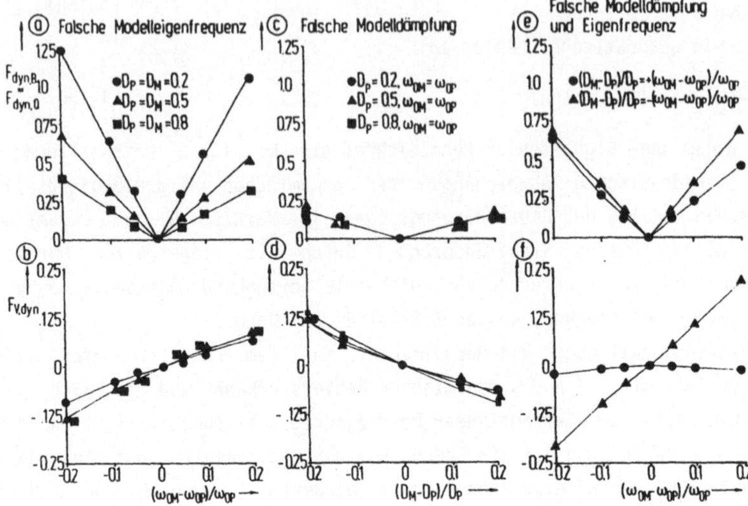

Bild 4.6: Fehleranalyse der Ausgangssignale fehlerhafter Prozeßmodelle 2. Ordnung

4.2.3 Zusammenfassung

Zur Beurteilung des Schätzverlaufes bei simulativen Untersuchungen wurden Bewertungskriterien definiert. Diese sind Grundlage für den Qualitätsvergleich von Schätzansätzen und Schätzverfahren.

Zur Einstufung des Schätzerfolges bei realen Prozessen wurden für die Praxis nutzbare normierte Fehlermaße aufgezeigt. Deren Aussagekraft wurde am Beispiel definiert fehlerbehafteter Prozeßmodelle dargestellt.

4.3 Prozeßanregung und Signalerfassung

4.3.1 Einstellung der Abtastzeit

Vielfach ist die Abtastzeit eines später auf Basis des Schätzmodelles zu realisierenden zeitdiskreten Reglers bereits im Vorfeld durch die benötigte Rechendauer des Regelalgorithmus und weiterer Berechnungsaufgaben z.B. zur Führungsgrößenerzeugung festgelegt. In diesem Fall kann bereits das Schätzmodell auf Grundlage dieser Abtastzeit bestimmt werden. Ist die Abtastzeit T zur Identifikation noch frei wählbar, sind folgende Randbedingungen zu beachten:

* das Abtasttheorem nach Shannon $T < \pi / \omega_{0,max}$ ist zu erfüllen,
* T darf nicht zu klein eingestellt werden, damit aufeinanderfolgende Meßwertsätze insbesondere bei quantisierten Signalen stets dynamische Veränderungen der Meßgrößen aufweisen.

Als praktisch gute Einstellung erwiesen sich bei den Identifikationsläufen Abtastzeiten im Bereich

$$T = 0,2...0,4 \quad \pi / \omega_{0,max} \qquad (4.16)$$

4.3.2 Wahl und Dimensionierung des Testsignals zur Systemanregung

Voraussetzung für eine konsistente, d.h. am Ende fehlerfreie Parameterschätzung ist, daß der Prozeß möglichst im gesamten relevanten Frequenzbereich hinreichend angeregt wird. Pseudo-Rausch-Binärsignale (PRBS) /26/, (Bild 4.7) erfüllen als Testsignale diese Forderung. Zur Erreichung eines bestimmten Arbeitspunktes wird diesem ein Gleichanteil überlagert. Das Signal kann sehr einfach im Mikrorechner erzeugt werden und bietet über die Parameter Taktzeit, Amplitude und Grad des Rauschsignals Anpaßmöglichkeiten an das jeweils anzuregende Frequenzband, an untere Schwellgrenzen und an lineare Stellbereiche.

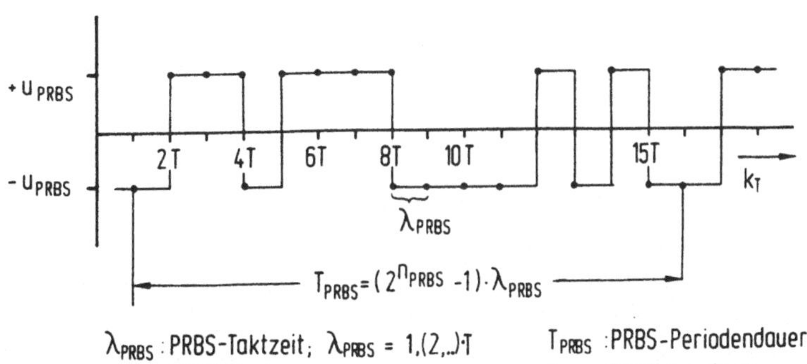

<u>Bild 4.7</u>: Definition der Kenngrößen des Pseudo-Rausch-Binärsignals (PRBS)

Die Bandbreite des PRBS-Signals umfaßt das diskrete Frequenzspektrum /26/

$$\omega_{PRBS,\nu} = \nu \cdot \frac{2\pi}{N_{PRBS} \cdot \lambda_{PRBS}} \quad ; \quad \nu = \frac{1...(N_{PRBS}-1)}{2} \qquad (4.17)$$

wobei

$$N_{PRBS} = 2^{n_{PRBS}} - 1 \qquad (4.18)$$

PRBS-Signale mit Grad n_{PRBS} = 2...5 haben sich in der Praxis zur Parameterschätzung bewährt /26,14/. Sie liefern entsprechend **Bild 4.8** mit T nach Gl. (4.16) für

$$2T \leqslant \lambda_{PBRS} \leqslant 5T \qquad (4.19)$$

gute Ergebnisse. Rauschsignale höherer Ordnung (n_{PRBS} > 5) erfüllen dagegen wegen ihrer zeitweise langen Haltephasen nicht mehr unbedingt die Forderung nach einer ständigen Prozeßanregung.

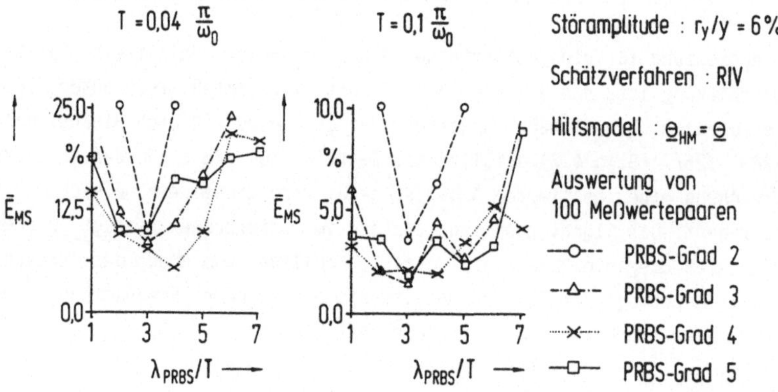

Bild 4.8: Mittlerer Modellfehler der Startphase $\bar{E}_{MS}$ eines mit PRBS angeregten Prozesses 2. Ordnung (ω_0; D_0 = 0,2)

Allgemein wird durch Wahl einer niedrigen Ordnung ein schmales Frequenzband sehr sehr stark angeregt, was hinsichtlich der Parameterschätzung auch eine gute Übereinstimmung des Schätzmodells mit dem Prozeß in diesem Frequenzbereich zur Folge hat. Auf der anderen Seite bewirkt ein Rauschsignal höherer Ordnung, daß das Schätzmodell zwar ungenauer wird, insgesamt aber über einen entsprechend größeren Frequenzbereich Gültigkeit besitzt /35/.

4.3.3 Zeitdiskrete digitale Filterung der Meßsignale

Bei den angesprochenen Schätzverfahren wird eine gleichmäßige Bewertung der Signalanteile für das gesamte Frequenzspektrum vorgenommen. In der Praxis genügt häufig ein approximiertes Modell niederer Ordnung, das den Prozeß nur in einem eingeschränkten Frequenzband hinreichend genau beschreiben muß. Das von diesem vereinfachten Modell abweichende Prozeßverhalten außerhalb dieses Frequenzbandes wird vernachlässigt. Bei der Prozeßidentifikation kann diese Forderung durch Maßnahmen berücksichtigt werden:

* Generierung des Prozeßeingangssignals derart, daß die Anregung nur Frequenzanteile des interessierenden Frequenzbereichs enthält, oder
* Filterung der in die Parameterschätzung eingehenden Signale entweder vor der Abtastung durch analoge Meßfilter oder
* nach Abtastung und Digitalisierung durch zeitdiskrete digitale Filter.

Die nachträgliche digitale Filterung zeitdiskreter Meßsignale bietet gegenüber den beiden anderen Wegen Vorteile. Einerseits läßt sich durch entsprechende Parametrierung die Filterkennlinie leicht einstellen, andererseits werden Störungen der analogen Meßsignale und Quantisierungsrauschen bei der Digitalisierung im Sperrfrequenzbereich ebenfalls abgeschwächt.
Die Struktur des Modellansatzes für die erweiterten Matrizen-Methoden und die Hilfsvariablenmethode wird durch die zeitdiskrete digitale Filterung entsprechend Bild 4.9 modifiziert.

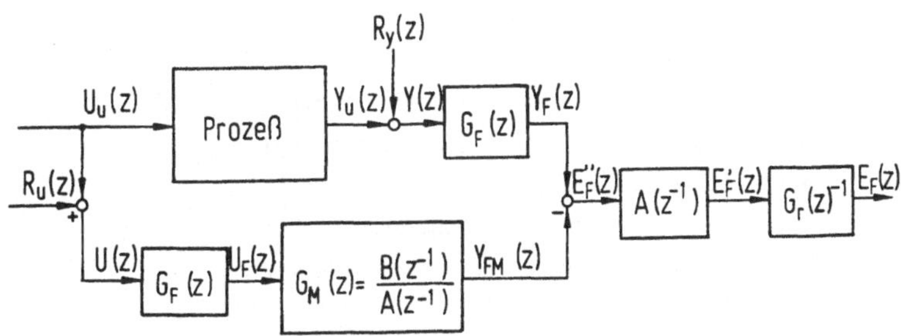

Bild 4.9: Modifizierter Schätzansatz bei Signalfilterung

In die je nach Verfahren unterschiedlichen Schätzalgorithmen gehen
anstelle der ungefilterten Signale U(z), Y(z) die gefilterten Signale

$$U_F(z) = G_F(z)\, U(z) \qquad\qquad\qquad (4.20a)$$

$$Y_F(z) = G_F(z)\, Y(z) \qquad\qquad\qquad (4.20b)$$

ein. Die Schätzverfahren minimieren somit anstelle E(z) den gefilterten
Gleichungsfehler $E_F(z)$ mit

$$E_F(z) = G_F(z)\, E\,(z) = A(z^{-1})\, Y_F(z) - B(z^{-1})\, U_F(z) \qquad (4.21)$$

Die Signalfilterung kann in dieser Weise angewendet werden, wenn Vorkenntnisse zur ungefähren Lage dynamisch relevanter Prozeß-Zeitkonstan-
ten vorhanden sind. Bei der Generierung des Anregungssignals muß gewährleistet sein, daß dessen Frequenzspektrum den Durchlaßbereich des
Filters abdeckt.

4.4 Schätzung von Teilprozessen bei nicht vernachlässigbarer Stellglieddynamik

4.4.1 Problemstellung und Auswirkung auf den Schätzverlauf

In der Literatur zur Parameterschätzung werden - formal richtig - ausschließlich Prozesse betrachtet,

* die unmittelbar von einem Testsignal angeregt werden können,
* die Stellglieder besitzen, deren Zeitverhalten gegenüber dem des eigentlichen Prozesses vernächlässigbar ist,
* oder aber solche, in denen das Stellglied ohne strukturelle Trennung
  in diese einbezogen wird.

Regelstrecken, beispielsweise servohydraulische Antriebe, besitzen jedoch in der Praxis häufig Stellglieder (Ventilschieber), deren Dynamik
in der Regel <u>nicht</u> gegenüber der des Aktors (drosselgesteuerter Zylinder) vernachlässigbar ist. Im Hinblick auf den Reglerentwurf zur unter-
lagerten Regelung des Stellgliedes sowie zur Regelung des Aktors benötigt man häufig die Teilmodelle beider Komponenten.
Der <u>Signalfluß bei einem Stellglied</u>, das rückwirkungsfrei von einem
elektrischen Halteglied (D/A-Wandler) angesteuert wird, entspricht den
üblichen Voraussetzungen für den Schätzansatz zur Bestimmung der Parameter des zeitdiskreten Modells:

zeitdiskretes Eingangssignal → zeitkontinuierliches Halteglied 0.ter
Ordnung → zeitkontinuierliches Übertagungsglied → abgetastetes, zeitdiskretes Ausgangssignal.

Der Signalfluß zum Aktor besitzt dagegen <u>nicht</u> die für den Schätzansatz
vorausgesetzte Struktur. Das Eingangssignal wird hier nicht durch ein
Abtast-Halteglied 0.ter Ordnung geformt d.h. zwischen den Abtastzeitpunkten konstant gehalten ($u^{\prime}(t)$), sondern ist zwischen diesen stetig
veränderlich ($u(t)$). Der Signalverlauf wird dabei von den dynamischen
Eigenschaften des Stellgliedes bestimmt (<u>Bild 4.10</u>).

Dynamische Übergänge im durch die nicht vernachlässigbare Stellglieddynamik verursachten stetigen Prozeßeingangssignal beeinflussen unmittelbar den Schätzverlauf, insbesondere der Zählerparameter (<u>Bild 4.11</u>).

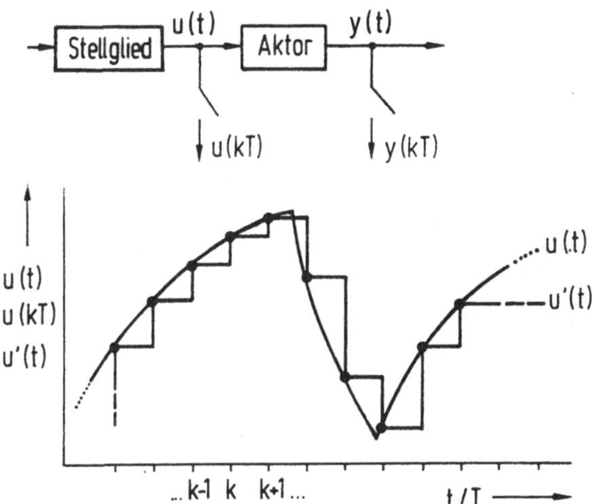

<u>Bild 4.10:</u> Abtastung des stetig veränderlichen Stellgliedes zur Parame-
terschätzung des Aktormodells

Die Parameterschätzverfahren liefern somit ein Schätzmodell, das zum einen vom Verlauf des Eingangssignals bzw. der Dynamik des Stellgliedes
und zum anderen von der Phase der Prozeßanregung am Ende des in der
Schätzung ausgewerteten Signalausschnittes mitbestimmt wird. Dieser Einfluß wird erst dann vernachlässigbar, wenn auch der Unterschied zwi-

schen tatsächlichem und für die Schätzung angenommenem Eingangssignalverlauf verschwindet, d.h. für $T \to 0$ da

$$u_2' (t) = \lim_{T \to 0} u_2(t) \qquad\qquad (4.22)$$

Dies widerspricht jedoch der in Abschnitt 4.3.1 angeführten Forderung
zur Einstellung der Abtastzeit. Entsprechend Gl. 4.3 sind nur die Zählerkoeffizienten b_i, $i=1..n$ des Schätzmodells $G_M(z)$ unmittelbar von den
Auswirkungen des fehlerbehafteten Schätzansatzes betroffen, da nur sie
die Eingangsgröße bewerten. Die Nennerkoeffizienten a_i sind allein

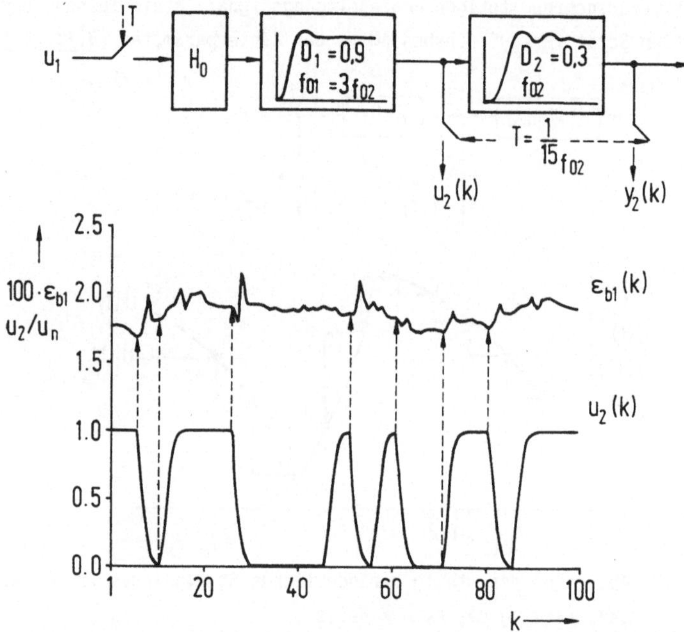

Bild 4.11: Beeinflussung der Parameterschätzung durch fehlerhaften Modellansatz bei nicht vernachlässigbarer Stellglieddynamik

durch die Eigendynamik des Prozesses festgelegt. Sie werden folglich
unabhängig von der Art der zeitlichen Einwirkung des Stellsignals bzw.

der fehlerbehafteten Annahme zum Stellsignalverlauf bei Vorgabe einer hinreichend großen Anzahl von Meßwertepaaren konsistent geschätzt, vorausgesetzt, es wirken nicht andere Störeinflüsse gleichzeitig (<u>Bild 4.12</u>).

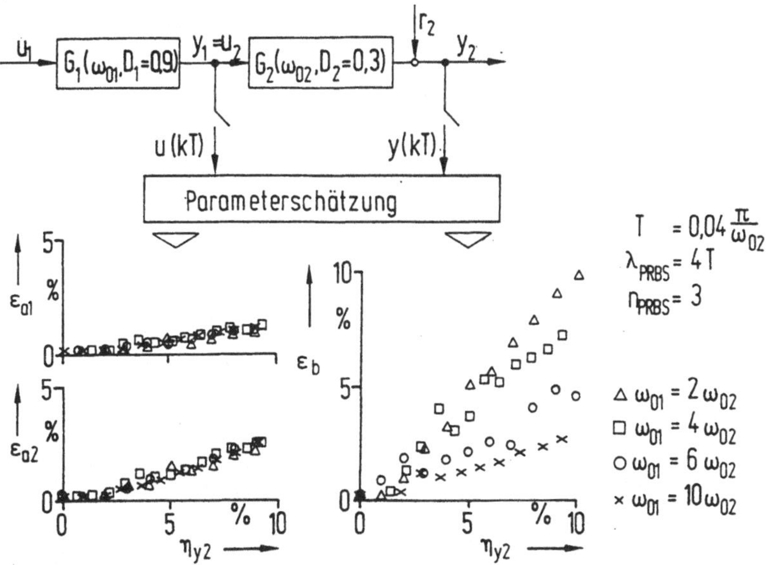

<u>Bild 4.12</u>: Einfluß der Stellglieddynamik auf die Schätzgüte nach Auswertung von 100 Meßwertepaaren in Abhängigkeit vom Störpegel η_{y2}

Im ungestörten Fall entspricht die geschätzte Verstärkung der Prozeßverstärkung. Dies ist gleichbedeutend mit

$$V = \sum_{i=1}^{n} \hat{b}_i \ / \ (1+ \sum_{i=1}^{n} \hat{a}_i) \qquad (4.23)$$

Bei konsistenter Schätzung der Nennerkoeffizienten, also $\hat{a}_i = a_i$, i=1...n und fehlerfreier Verstärkungsschätzung, müssen folglich die Zählerparameter <u>in der Summe</u> mit denjenigen eines fiktiven Aktormodells mit vorgeschaltetem Abtast-Halteglied 0.ter Ordnung übereinstimmen.

<u>Bild 4.13</u> gibt Aufschluß über die Größe des Unterschiedes zwischen den Zählerkoeffizienten des mit fehlerbehaftetem Schätzansatz ermittelten Schätzmodelles im Vergleich zum Prozeßmodell mit fiktivem Halteglied 0.ter Ordnung, dargestellt am Koeffizienten $\hat{b}_1$. Stellglied und Aktor sind dabei als Tiefpaßglieder 2.Ordnung angenommen (PT2-Glieder). Der Einfluß des fehlerbehafteten Schätzansatzes erhöht sich mit zunehmender Dynamik des Stellgliedes und der Abtastzeit. Zu dessen Minimierung sollte bei bekannter Stellglied- und Aktordynamik die Abtastzeit auf die Dynamik des Stellgliedes abgestimmt sein. Bei Einhaltung der Grenze

$$T < 0,2 \; \frac{\pi}{\omega_{01}} \tag{4.24}$$

sind die hierdurch bedingten Fehler für $\hat{b}_1$ bzw. $\hat{b}_2$ kleiner als 2% und damit weitgehend vernachlässigbar.

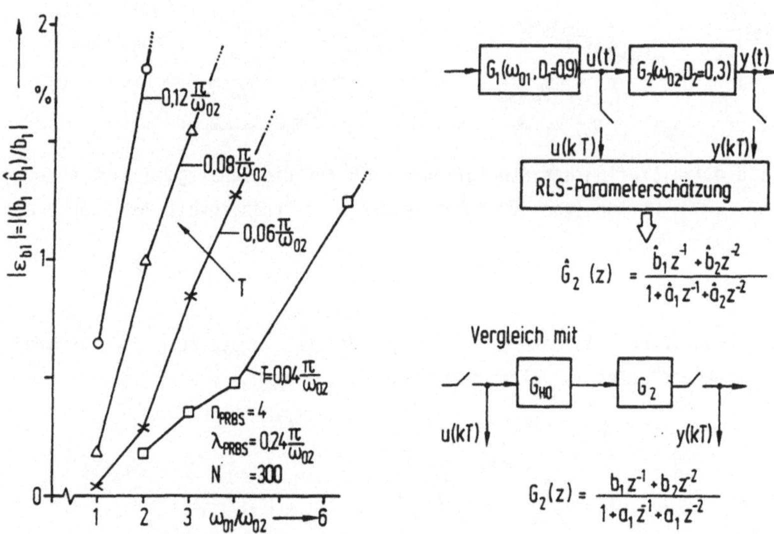

<u>Bild 4.13</u>   : Einfluß von Abtastzeit und Stellglieddynamik auf die Schätzung des Aktormodells; Auswertung von $\hat{b}_1$.
(300 Meßwertpaare, Schätzverfahren: RLS)

Diese quantitative Bewertung läßt sich im Vergleich zu den wesentlich größeren Fehlern der Parameterschätzung infolge unvollständig kompensierter Prozeßtotzeiten begründen, die zwangsläufig hingenommen werden müssen. Totzeiten im Kern zeitkontinuierlicher und durch Signalabtastung diskretisierter Prozesse können bei einer Parameterschätzung nur im ganzzahligen Vielfachen der Abtastzeit kompensiert werden. Es verbleibt damit eine Resttotzeit oder aber auch eine Voreilzeit bei Überkompensation von maximal einem Abtastschritt.

Simulative Untersuchungen ergaben Parameterschätzfehler im Aktormodell infolge nicht exakt kompensierter Totzeit von

$$\varepsilon_{b1} = 80 \ldots 110\% \quad \text{bei} \quad t_T \longrightarrow T = \text{(Unterkompensation)}$$
$$\varepsilon_{b1} = 150 \ldots 230\% \quad \text{bei} \quad t_T \longrightarrow -T = \text{(Überkompensation)}$$

4.4.2 Modifizierte Modellansätze für Prozesse mit stetigem Eingangssignalverlauf

Im folgenden wird untersucht, wie modifizierte Modellansätze mit Haltegliedern 1.ter Ordnung eine bessere Rekonstruktion des Eingangssignalverlaufes ermöglichen. Die Varianten

* linearer Interpolator $\qquad\qquad\qquad G_{HI}(s)$
* linearer Extrapolator $\qquad\qquad\qquad G_{HE}(s)$
* linearer Interpolator mit Verzögerung $\quad G_{HIV}(s)$

(Bild 2.11) ersetzen im Modell das üblicherweise angesetzte H_0-Glied. Die Wirksamkeit so modifizierter Schätzansätze im Schätzverlauf (Konvergenz) und Modellgüte ist aufzuzeigen.

Die simulative Untersuchung (**Bild 4.14**) zeigt die Vorteile des Schätzansatzes mit interpolierendem Halteglied ("HI") gegenüber den anderen Varianten ("HO" und "HE"). Sowohl der Schätzverlauf (bewertet mit ε_{a1S}) als auch die Modellgüte des rekonstruierten Ausgangssignals (bewertet mit $F_{dyn,B}$) zeigen auch bei großen Abtastzeiten deutlich günstigere Eigenschaften. Bei Variation des Frequenzverhältnisses ω_{01}/ω_{02} und konstanter Abtastzeit sind die Schätzverläufe mit den verschiedenen Ansätzen ähnlich.

Während zur Rekonstruktion des Ausgangssignals die aus dem HO- und HE-Ansatz bestimmten Schätzmodelle bei großen Werten ω_{01}/ω_{02} versagen, zeigt sich hier jedoch die Überlegenheit des Modells mit interpolierendem Halteglied in dem von ω_{01}/ω_{02} unabhängigen und zugleich relativ kleinen dynamischen Fehler $F_{dyn,B}$.

Mit wachsendem Störpegel η_{y2} wird dagegen die Empfindlichkeit der erweiterten Haltegliedansätze deutlich. Insbesondere die Schätzung mit interpolierendem ("HI"-)Ansatz liefert bei gestörten Prozeßausgangssignalen erheblich größere Werte für den zeitbewerteten mittleren Parameterfehler ε_{a1S}. Im rekonstruierten Ausgangssignal sind die Unterschiede dagegen nur geringfügig. Der "HI"-Ansatz bietet Vorteile wenn a-priori folgende Systemeigenschaften bekannt sind:

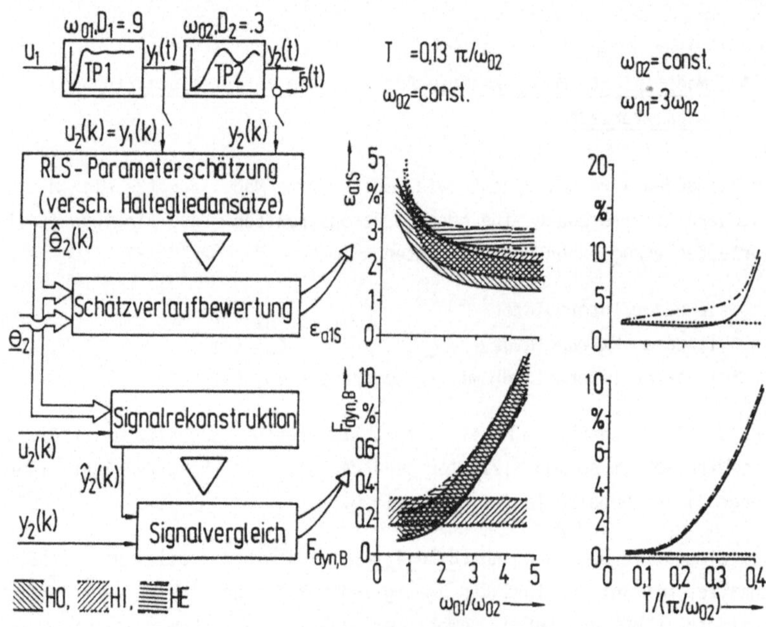

Bild 4.14: Einfluß verschiedener Haltegliedansätze auf die Schätzqualität

* hohes Eigenfrequenzverhältnis ($\omega_{01}/\omega_{02} \geq 2,5$),
* große Abtastzeit ($T \geq 0,3\pi/\omega_{02}$),
* ungestörte Prozeßsignale,
* nur unvollständig durch gegenseitige Signalverschiebung
  kompensierbare Prozeßtotzeit.

Von der Anwendung des "HE"-Ansatzes ist dagegen in jedem Falle abzu-
raten.

4.4.3 Zusammenfassung

Beeinträchtigungen der Schätzgüte infolge fehlerbehaftetem Modellansatz
durch nicht zutreffende Annahme eines Haltegliedes 0.ter Ordnung zwischen Stellglied und Prozeß lassen sich durch richtige Abstimmung der
Abtastzeit in Relation zur Stellglieddynamik reduzieren. Diese ist jedoch vielfach nicht frei wählbar und häufig ist die Stellglieddynamik a-
priori nicht bekannt. Die Folgen sind schwankungsbehaftete Schätzverläufe und letzlich fehlerhaft geschätzte Modellparameter.

Unter bestimmten Randbedingungen bewirkt die Modifikation des Modellansatzes mit interpolierendem Halteglied 1. Ordnung deutliche Ver-
besserungen bei der Schätzung und bei der Rekonstruktion von Signalverläufen. Liegen nur geringe Kenntnisse zum Prozeßverhalten und den Störanteilen in den Meßsignalen vor, so ist der Ansatz mit Halteglied 0.ter
Ordnung der zuverlässigste.

4.5 Simulative Untersuchung der Schätzverfahren zur Optimierung und zum gegenseitigen Vergleich

4.5.1 Testprozesse und Randbedingungen

Zur Beurteilung der in Kapitel 4.1 vorläufig ausgewählten Verfahren wird
simulativ die Identifikation von Testprozessen untersucht. In Anlehnung
an die gegebene Signalstruktur von Ventilschieber und drosselgesteuertem
Hydraulikzylinder ohne Strömungskraftrückwirkung wird eine Hintereinan-
derschaltung zweier Übertragungsglieder mit vordefinierten dynamischen
Eigenschaften gewählt (Bild 4.15).

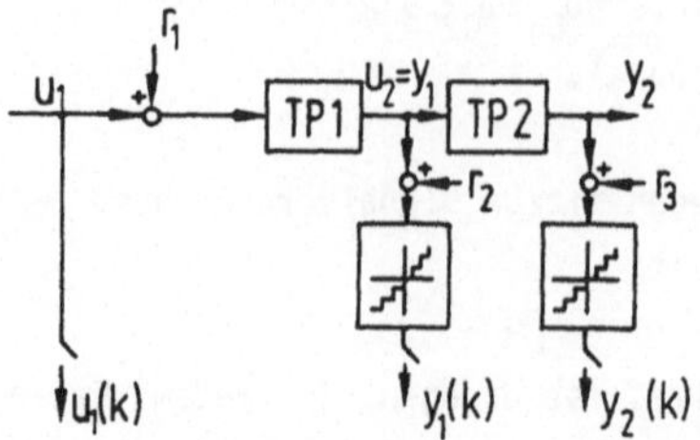

Bild 4.15:
Simulierte Testpro-
zesse zur Untersuchung
von Parameterschätz-
verfahren

Die Meßwerterfassung erfolgt dabei über Quantisierer deren Stufung beliebig eingestellt werden kann. Am Eingang von TP1 wirken im Eingangssignal $u_1(k)$ nicht enthaltene Störsignale r_1 ein. Das "gemessene" Ausgangssignal $y_1(k) = u_2(k)$ ($\hat{=}$ Eingangssignal für TP2) wird durch das Störsignal r_2, $y_2(k)$ von TP2 durch das Störsignal r_3 verfälscht.

Testprozeß 1 (TP1) ist durch die zeitkontinuierliche Übertragungsfunktion

$$G_{TP1}(s) = \frac{1}{1 + \dfrac{2D_1}{\omega_{01}} s + \dfrac{1}{\omega_{01}^2} s^2} \qquad \text{mit} \quad \begin{array}{l} D_1 = 0,5 \\ \omega_{01} = 628 \text{ s}^{-1} \end{array} \qquad (4.25)$$

bzw. nach z-Transformation mit der Abtastzeit T = 2ms durch

$$G_{TP1}(z) = \frac{b_{11}z^{-1} + b_{12}z^{-2}}{1 + a_{11}z^{-1} + a_{12}z^{-2}} = \frac{0,4796z^{-1}+0,3099z^{-2}}{1-0,4951z^{-1}+0,2846z^{-2}} \qquad (4.26)$$

gegeben. Die Parameter von TP1 sind konstant. Testprozeß 2 (TP2) ist ähnlich wie der drosselgesteuerte Zylinder zeitvariant.

$$G_{TP2}(s) = \frac{1}{1 + \dfrac{2D_2}{\omega_{02}} s + \dfrac{1}{\omega_{02}^2} s^2} \qquad (4.27)$$

D_2 und ω_{02} ändern sich dabei linear im zur Meßwerterfassung betrachteten Zeitraum zwischen ω_{02}' und ω_{02}'' bzw. D_2' und D_2'' mit

$$\omega_{02}' = 62,8 \text{ s}^{-1} \ldots \omega_{02}'' = 188,4 \text{ s}^{-1}$$

$$D_2' = 0,2 \qquad \ldots D_2'' = 1,0$$

Die Diskretisierung von G_{TP2} ist, wie im vorigen Abschnitt 4.4 gezeigt, eigentlich nicht zulässig. Um sie dennoch zu ermöglichen wird an dieser Stelle angenommen, es sei ein Abtast-Halteglied 0.Ordnung zwischen TP1 und TP2 vorhanden. Damit ergibt sich:

$$G_{TP2}(z) = \frac{b_{21}z^{-1} + b_{22}z^{-1}}{1 + a_{21}z^{-1} + a_{22}z^{-2}} \qquad (4.28)$$

mit $\qquad a_{2i} = a_{2i}(k); \quad b_{2i} = b_{2i}(k)$

Die Änderung der zeitdiskreten Paramter über den Meßzeitraum von 0,8s bei einer Abtastzeit von T = 2ms ($\hat{=}$ 400 Abtastzyklen) ist in __Bild 4.16__ dargestellt.

TP1 dient insbesondere dazu, grundsätzliche Aussagen über die Leistungsfähigkeit der Schätzverfahren unter dem Einfluß von Signalstörungen und Quantisierungsfehlern zu gewinnen. Mit TP2 soll der gleichzeitige Einfluß von stetigen Parameteränderungen und Signalstörungen auf Verlauf und Qualität der Parameterschätzung untersucht werden.

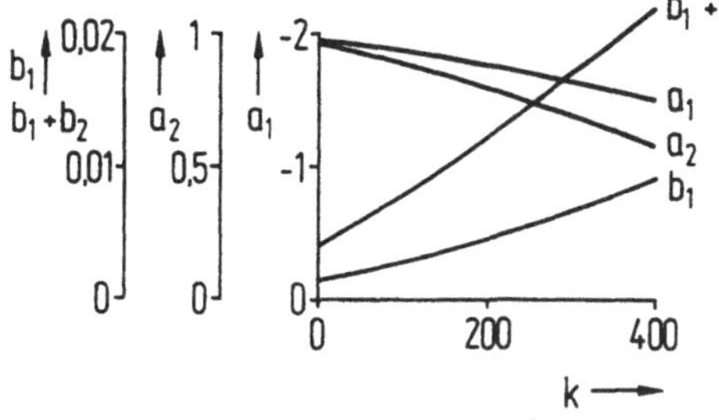

__Bild 4.16:__
Verlauf der Modellparameter von TP2 über den Meßzeitraum von 400 Abtastschritten

Zur quantitativen Angabe des Störanteils in den Prozeßsignalen wird die Definition des Störpegels aus /28/ übernommen. Dieser ist definiert als Quotient aus Varianz von Störanteil und ungestörtem Nutzsignal:

$$\eta = \sum_k r^2(k) \; / \; \sum_k y^2_u(k) \qquad (4.29)$$

4.5.2 Schätzung des zeitinvarianten Prozesses TP1

Die Untersuchung der Schätzverfahren RLS, RIV, OLS und O3EM zur Parameterschätzung von TP1 liefert zunächst Aufschluß über Unterschiede und Leistungsfähigkeit bei Einwirkung von Störungen auf das Prozeßeingangs- und -ausgangssignal. Weiterhin lassen sich Richtlinien für die optimale Wahl von Einstellwerten und Vorgehensweisen ableiten. Von Interesse sind dabei insbesondere die gezielte Beeinflußbarkeit der Schätzgüte durch eine günstige Dimensionierung der Prozeßanregung. Freie Parameter sind die Taktzeit und die Amplitude der PRBS-Anregung, wodurch eine gezielte Anpassung an die vorliegende Prozeßdynamik bzw. die Minimierung des Einflusses a-priori bekannter Signalstörungen aufgrund von Quantisierungseffekten ermöglicht wird.

Die nachfolgend aufgeführten Variationen beziehen sich auf eine Nominaleinstellung entsprechend Tabelle 4.1.

Einstellung der Gewichtung

Bei zeit- bzw. parameterinvarianten Prozessen besteht grundsätzlich keine Notwendigkeit für eine Adaptionsfähigkeit der Schätzung. Folglich kann durch Wahl der Gewichtung zu $\rho = 1$ deren mittelnde Wirkung auf den Schätzverlauf genutzt werden.

Einfluß der Taktzeit (Bild 4.17)

Alle Schätzverfahren weisen bei der Taktzeit $\lambda_{PRBS} = 6$ms ein absolutes Minimum für $\bar{E}_{MS}$ auf, da dabei die Eigenfrequenz ω_{01} von TP1 am stärksten angeregt wird. Alle Verfahren schätzen nach Auswertung von 100 Signalwertpaaren die tatsächlichen Parameter mit hoher Genauigkeit. (s. Schätzverläufe von a_1 mit Einstellung ①). Bereits bei einer Taktzeit von 8ms nimmt $\bar{E}_{MS}$ deutlich größere Werte an, die im wesentlichen aus einem unruhigeren Schätzverlauf bei Rekursionsbeginn resultieren. Das Schätzergebnis von O3EM ist darüber hinaus am Ende noch deutlich fehlerbehaftet. Das Ergebnis bestätigt einerseits die Richtigkeit der in Abschnitt 4.3.2 angegebenen Einstellregel für die PRBS-Taktzeit, andererseits zeigt sich, daß die RLS- und die O3EM-Methode hinsichtlich des Schätzverlaufs und -Ergebnisses empfindlicher auf eine nicht optimale Anregung reagieren als OLS und RIV.

Anregung mit PRBS	Rauschgrad	$n_{PRBS} = 2$
	Taktzeit	$\lambda_{PRBS} = 6\,ms = 1,2\,\pi/\omega_{01}$
	Periodendauer	$T_{PRBS} = 18\,ms = 3\,\lambda_{PRBS}$
	Rauschamplitude	$u_{PRBS} = 0,5\,u_n$
Störung	Störpegel	$\eta_{y1} = 2,5\%$
Meßwert-erfassung	Abtastzeit	$T = 2\,ms = 0,4\,\pi/\omega_{01}$
	Anzahl der Meßwertepaare	$N_2 - N_1 + 1 = 100$
	Auflösung y_1	$0,01\%\ y_n$
Parameter-schätzung	Modellansatz	$n = 2$
	Gewichtung alter Schätzwerte	$\rho = 1,0$
Schätzung mit RLS, RIV	Init. $\underline{P}$-Matrix mit $\alpha \cdot \underline{I}$	$\alpha = 10000$
	RIV-Hilfsmodell bei Rekursionsbeginn	$f_{OHM} = 90\ 1/s$
		$D_{HM} = 0.3$
		$V_{HM} = 0.9$
	RIV-Hilfsmodellanpassung	$\beta = 0.1$
Schätzung mit O3EM	Störfilteransatz $G_r(z)$	$n_r = 2$

<u>Tabelle 4.1</u>: Nominaleinstellung zur Parameterschätzung von TP1

<u>Einfluß der Störung des Prozeßausgangssignals</u> (<u>Bild 4.18</u>)

Der Modellfehler $\bar{E}_{MS}$ steigt bei den Verfahren RLS, OLS und O3EM nahezu linear mit dem Störpegel η_{y1} an. Da RLS und OLS nach etwa 25 ausgewerteten Meßwertepaaren annähernd identische Schätzverläufe aufzeigen, beruhen die etwas größeren Fehlerwerte von RLS gegenüber OLS auf dem geringfügig stärker schwankungsbehafteten Verlauf zu Beginn der Schätzung. Obwohl RLS und OLS im Schätzansatz keinen speziellen Störfilteransatz beinhalten, liefern diese Verfahren nach Auswertung von 100 Meßwertepaaren auch noch bei dem Störpegel von $\eta_{y1} = 8,6\%$ die besten Ergebnisse.

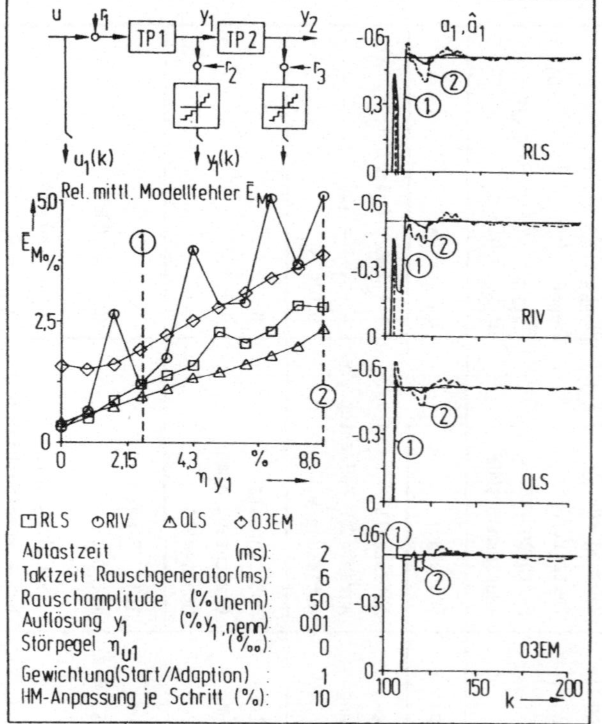

Bild 4.17: Parameterschätzung TP1, Startphase
Variation der Taktzeit λ_{PRBS}

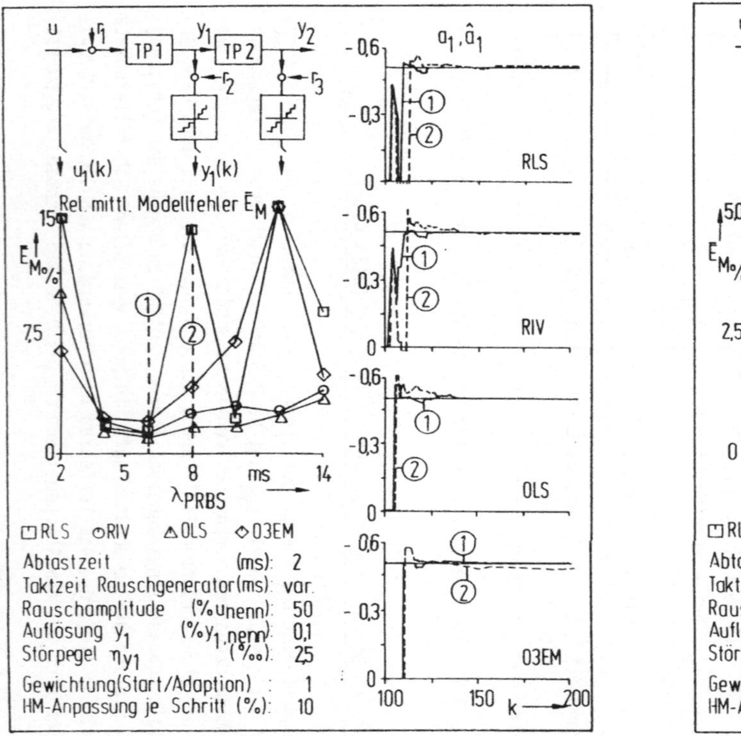

Bild 4.18: Parameterschätzung TP1, Startphase
Variation des Störpegels η_{y1}

Der Verlauf des Modellfehlers bei RIV weist auf eine stärkere Empfindlichkeit des Verfahrens gegen Signalstörungen gegenüber den anderen Verfahren hin.

Einfluß der Störung des Prozeßeingangssignals (Bild 4.19)

Nicht meßbare Störungen im Eingangssignal wirken sich auf die Schätzung erheblich stärker aus als Störungen im Ausgangssignal. Der Modellfehler $\bar{E}_{MS}$ nimmt bei gleichem Störpegel etwa dreimal größere Werte an. Mehr noch als beim Ausgangssignal ist deshalb auf eine möglichst störungsfreie Übertragung des jeweiligen Eingangssignales zu achten. Bis zu einem Störpegel η_{u1} = 4,5% liefern RLS, OLS und RIV vergleichbare Ergebnisse. Dagegen schätzt O3EM die Prozeßparameter deutlich schlechter. Während bei dem Störpegel ① η_{u1} = 2,6% die Schätzung nach Abarbeitung von 100 Meßwertepaaren mit allen Verfahren weitgehend abgeschlossen ist, ist dies bei ② η_{u1} = 8,6% noch nicht der Fall. Hier wären noch wesentlich mehr Rekursionsschritte für eine genaue Schätzung erforderlich.

Einfluß von Quantisierungsfehlern (Bild 4.20)

Die begrenzte Auflösung der Glieder in der Meßkette vom Meßaufnehmer bis Meßumsetzer zur Wandlung analoger und digitaler Meßgrößen bedingt Quantisierungsfehler des Meßsignals /11,33/. Die maßgeblichen Quantisierungsfehler entstehen bei der A/D-Umwandlung. Diese bewirken ein dem Meßrauschen vergleichbares Quantisierungsrauschen. Unterhalb einer relativen Auflösung von etwa 2,5% ergeben sich deutlich größere Werte für den relativen mittleren Modellfehler. Dies bedeutet, daß das zur Parameterschätzung auszuwertende Signal eine Signalschwankungsamplidute von mindestens 1/0,025 = 40 Quantisierungsstufen des A/D-Wandlers besitzen sollte. Bei vorgegebener A/D-Wandlerbreite sollte zur Minimierung der Quantisierungseffekte die Amplitude zur Prozeßanregung - unter Beachtung technologischer Randbedingungen und Berücksichtigung der Gültigkeitsbereiche linearer Modellansätze - möglichst groß gewählt werden.

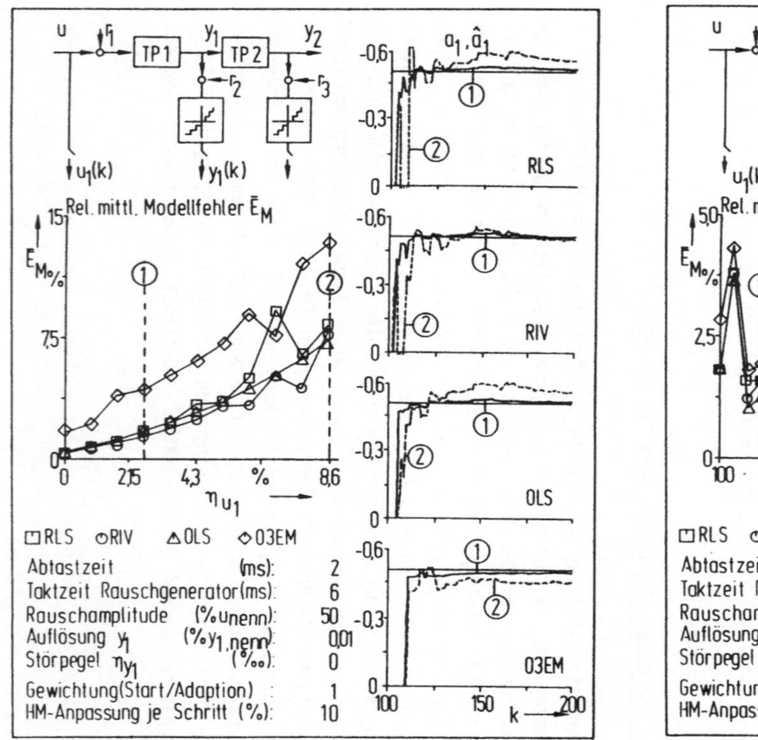

Bild 4.19: Parameterschätzung TP1, Startphase
Variation des Störpegels η_{u1}

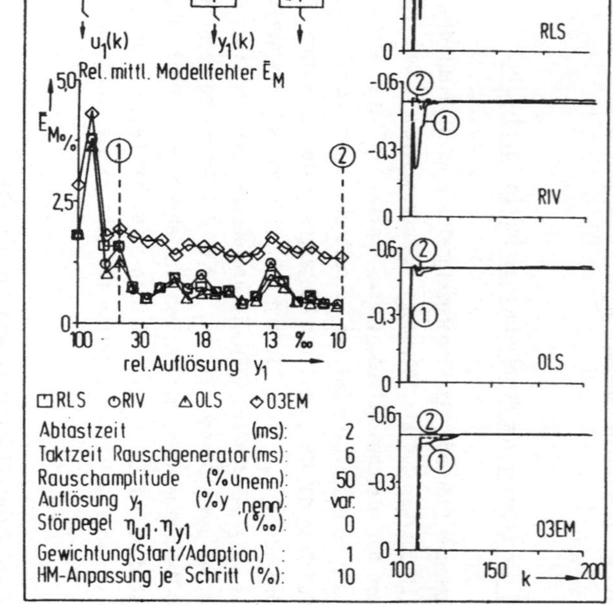

Bild 4.20: Parameterschätzung TP1, Startphase
Variation der Auflösung y_1

Anwendungsprobleme bei der RIV-Methode

Die Schätzgüte und der Schätzverlauf ist bei der RIV-Methode sehr stark
von der Wahl des Hilfsmodells bei Rekursionsstart und dem Grad der
Hilfsmodellanpassung abhängig. Der Filterparameter ß in Gl. (A3.2) bestimmt zugleich den Grad der Modellrückkoppelung im Schätzalgorithmus.

Vielfache Parameterschätzungen zeigten, daß die Schätzung bei zu hoher
Vorgabe von ß und gleichzeitig gestörten Meßsignalen instabil wird.
Hilfsmodell und Schätzmodell schaukeln sich gegeneinander auf. Dieser
Effekt wird vor allem durch die in der Startphase der Schätzung vorhan-
denen heftigen Parameterschwankungen des Schätzmodells ausgelöst. Ab-
hilfe schaffen Kombinationen der folgenden Maßnahmen:

* Einfügen einer Totzeit zwischen aktuellem Schätzmodell und den in der
  Filtergleichung eingehenden Modellparametern /28/. Durch Einfügen einer Totzeit wird bewirkt, daß die Hilfsvariablen $w(k)$ wenig mit dem
  aktuellen Gleichungsfehler $e´(k)$ korreliert sind.

* Aussetzen der Hilfsmodellanpassung bis die Startphase der Schätzung
  durchlaufen wurde. Diese Maßnahme ist insbesondere bei gestörten
  und parametervarianten Prozessen empfehlenswert.

* Schwache Einstellung des Filterparameters ß, damit eine eventuelle
  Instabilität der Schätzung mit Sicherheit ausgeschlossen werden kann.
  In /26/ wird $0{,}01 \leq ß \leq 0{,}1$ empfohlen.

4.5.3 Schätzung des parametervarianten Prozesses TP2

TP2 steht als verallgemeinerter Prozeß stellvertretend für den Teilprozeß des drosselgesteuerten Zylinders. Aus der Untersuchung der Parameterschätzung von TP2 sollen Erkenntnisse über die Leistungsfähigkeit der
Schätzverfahren bei gleichzeitigem Auftreten von stetiger Parametervarianz und Signalstörungen gewonnen werden.

Mit der Zielsetzung einer hinreichenden Adaptionsfähigkeit bei gleich-
zeitiger Störunempfindlichkeit kommt insbesondere der günstigen Wahl des
freien Einstellparameters der Gewichtung eine hohe Bedeutung zu. Als
begleitende Maßnahme ist des weiteren die Leistungsfähigkeit einer
diskreten Filterung abgetasteter Prozeßsignale zur Reduzierung des
Störpegels zu prüfen.

Durch die Einführung eines Hilfsmodells verfügt die RIV-Methode über
eine größere Anzahl von Einflußgrößen als die anderen Verfahren. Daher
ist für die optimale Handhabung dieses Verfahrens eine gesonderte Betrachtung erforderlich.

Die Auswertung der Schätzverläufe teilt sich in die Start- und die
Adaptionsphase auf. Tabelle 4.2 zeigt die bei den Variationen zugrunde
gelegten Nominaleinstellwerte.

Einstellung der Gewichtung

...nd Signalstörungen auf den Schätzverlauf beeinflußt werden. Die Beeinflussung trifft jedoch in jedem Fall gleichzeitig beide Einflußgrößen.
Während zur Minimierung des Störeinflusses auf die Parameterschätzung
eine Gewichtung mit $\rho = 1$ bevorzugt gewählt werden müßte (s. Abschnitt
4.5.2), so ist dieser Wert unbrauchbar, wenn zugleich auch eine stetige
Parameteränderung richtig geschätzt werden soll. Deshalb soll untersucht
werden, ob bei der Vorgabe des Gewichtungsfaktors ein Kompromiß zwischen
Störempfindlichkeit und Adaptionsfähigkeit gefunden werden kann.

Für die Startphase der Parameterschätzung empfiehlt sich insbesondere
für die rekursiven Schätzverfahren (RLS und RIV) eine Gewichtung mit
$\rho = 1$ (Bild 4.21). OLS und O3EM besitzen dagegen nicht das Problem der
Startwertvorgabe, so daß sich für den mittleren relativen Modellfehler
$\bar{E}_{MS}$ für O3EM ein Minimum bei $\rho = 0,97$ bzw. bei OLS kein ausgeprägtes
Minimum ergibt. Die Schätzverläufe von RLS und RIV zeigen den heftig
schwankungsbehafteten Verlauf des $\hat{a}_1$-Schätzparameters bei $\rho = 0,97$ im
Vergleich zum Verlauf bei $\rho = 1$. Von den vier untersuchten Verfahren
weisen OLS und O3EM in der Startphase mit Abstand die besten Ergebnisse

Anregung mit PRBS	Rauschgrad	$n_{PRBS} = 2$
	Taktzeit	$\lambda_{PRBS} = 6ms$
	Periodendauer	$T_{PRBS} = 18ms$
	Rauschamplitude	$u_{PRBS} = 0,5\ u_{nenn}$
Störung	Störpegel	$\eta_{y2} = 2,6\%$
Meßwert-erfassung	Abtastzeit	$T = 2ms$
	Auflösung y_1	$0,01\%\ y_{1,nenn}$
	Auflösung y_2	$0,05\%\ y_{2,nenn}$
	Meßwertepaare Startphase	$N_2-N_1+1 = 100$
	Meßwertepaare Adaptionsph.	$N_3-N_2+1 = 400$
Parameter-schätzung	Modellansatz (Ordnung)	$n = 2$
	Gewichtung alter Schätz-werte (Startphase)	$\rho = 1,0$
	Gewichtung alter Schätz-werte (Adaptionsphase)	$\rho = 0,97$
Schätzung mit RLS, RIV	Initialisierung der P-Matrix mit $\alpha \cdot \underline{I}$	$\alpha = 10000$
	RIV-Hilfsmodell bei Rekursionsbeginn	$f_{OHM} = 10s^{-1}$ $D_{HM} = 0,2$
	RIV-Hilfsmodell zu Beginn der Adaptionsphase	$\theta_{HM}(k>N_2)=\underline{\hat{\theta}}(k=N_2)$
	HM-Anpassung (Startphase)	$\beta = 0,0$
	HM-Anpassung (Adaptionphase)	$\beta = 0,0$
Schätzung mit O3EM	Störfilteransatz $G_r(z)$	$n_r = 2$

Tabelle 4.2: Nominaleinstellung zur Parameterschätzung von TP2

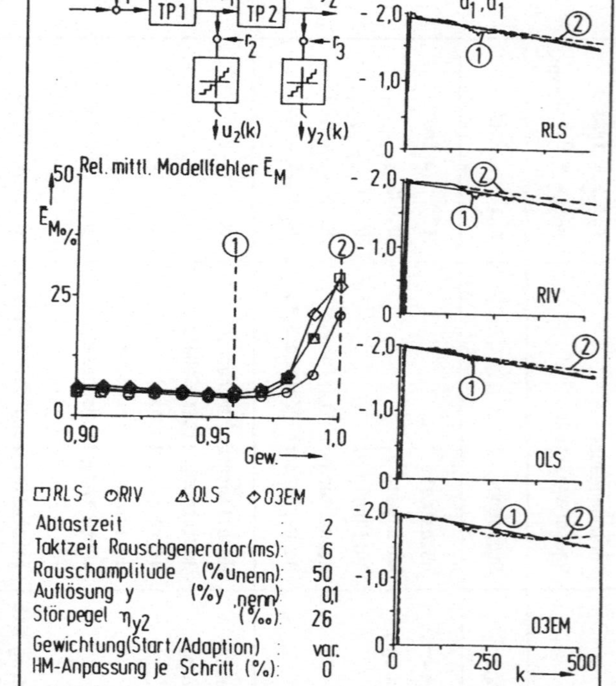

Bild 4.22: Parameterschätzung TP2, Adaptionsphase
Variation des Gewichtungsfaktors ρ

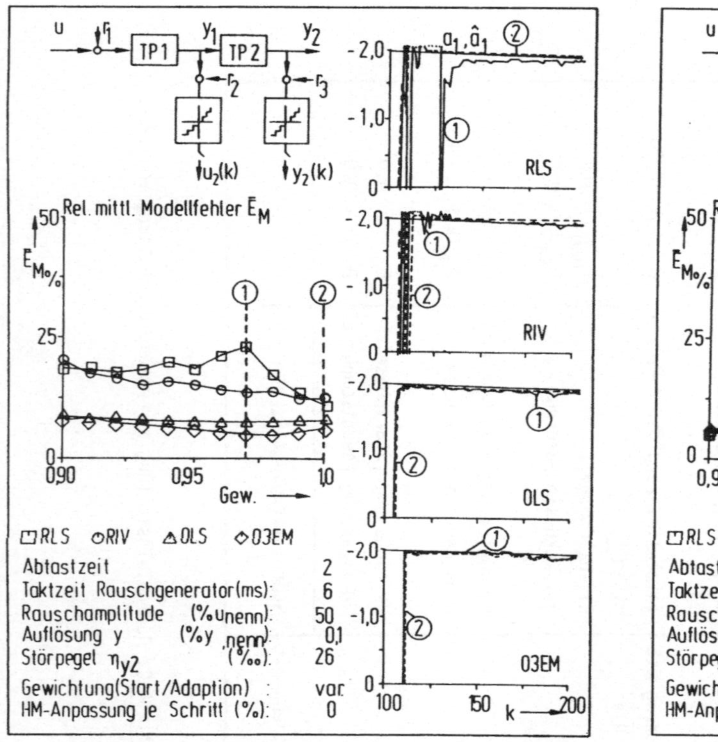

Bild 4.21: Parameterschätzung TP2, Startphase
Variation des Gewichtungsfaktors ρ

In der Adaptionsphase ist RIV dagegen bei optimaler Einstellung des Gewichtungsfaktors von ρ= 0,96 dem O3EM-Verfahren sogar leicht überlegen (Bild 4.22). Der Verlauf des mittleren Modellfehlers $\bar{E}_{MA}$ weist beim O3EM-Verfahren ein ausgeprägtes Minimum auf. Bei RIV ist das Minimum deutlich flacher. Auffällig ist, daß die Auswertungen von RLS und OLS identische Ergebnisse liefern. Dieser Effekt beruht auf dem übereinstimmenden Schätzansatz. Der Vorteil der zum Schätzbeginn nicht erforderlichen Startwerte bei den O...-Methoden verliert sich mit jedem neuen Rekursionsschritt. Die Schätzverläufe des $\hat{a}_1$-Parameters zeigen für ρ= 0,96 bei allen Verfahren nahezu gleichwertige Qualität. Bei ρ= 1.0 dagegen divergiert die Schätzung.

Je größer der Gradient der Parameteränderung, desto schneller müssen die Schätzparameter nachgeführt und folglich zurückliegende Schätzwerte vergessen werden. Dies erklärt die in Bild 4.23 aufgetragene Verschiebung des optimalen Gewichtungsfaktors -hier allein für das RIV-Verfahren- bei größeren Änderungsraten der Prozeßparameter zu kleineren Werten von ρ.

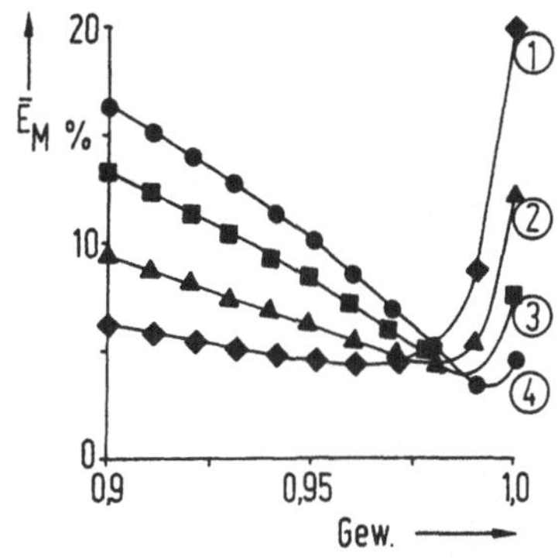

$$(N_3 - N_1 + 1) = 500 \qquad \eta_{y2} = 2,6\%$$
$$\omega_{02}' \quad = 62,8\,s^{-1}$$
$$D_2' \quad = 0,2 \qquad \text{Schätzung mit RIV}$$
$$T \quad = 2\,ms$$

Parameteränderung des zeitkontinuierlichen Prozesses innerhalb von 500 Abtastungen

	$\dfrac{\omega_{02}'' - \omega_{02}'}{\omega_{02}}$	$\dfrac{D_2'' - D_2'}{D_2}$
◆①	2	4
▲②	1	2
■③	0,5	1
●④	0,25	0,5

Bild 4.23: Parameterschätzung TP2, Adaptionsphase
Variation des Gewichtungfaktors bei unterschiedlichen Raten der Parameteränderung

Einfluß der Störung des Ausgangssignals

Gegenüber der Schätzung der Parameter von TP1 ist der mittlere relative Modellfehler der Startphase bei TP2 auch ohne Störeinwirkung bei allen vier Schätzverfahren bereits erheblich größer (7...9%). Dies beruht auf den Parameteränderungen während der Meßwerterfassung (<u>Bild 4.24</u>). Mit wachsender Störung verschlechtert sich die Startphase insbesondere bei den Schätzverfahren RLS und OLS. O3EM zeigt sich dagegen innerhalb des ausgewerteten Störpegelbereichs bis $\eta_{y2} = 5{,}7\%$ nur geringfügig beeinflußt. In der Adaptionsphase ist RIV dem O3EM-Verfahren gleichwertig (Bild 4.24). OLS und RLS liefern nahezu identische, gegenüber den beiden anderen Verfahren schlechtere Ergebnisse.

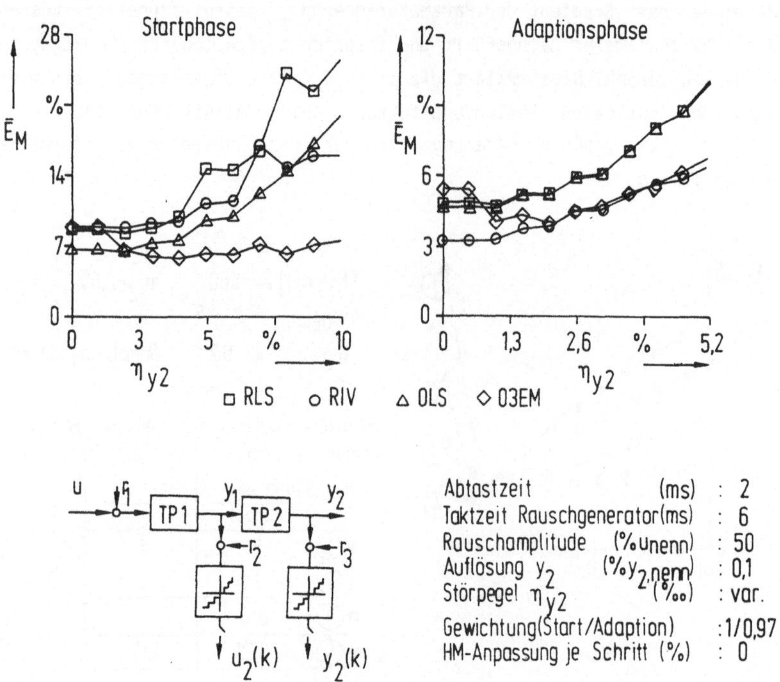

<u>Bild 4.24</u>: Parameterschätzung TP2, Variation des Sörpegels η_{y2}

Diskrete Filterung der Meßsignale

Meßsignalstörungen werden in den verschiedenen Schätzverfahren entweder durch einen erweiterten Modellansatz (z.B. O3EM) oder durch Einbringung eines mit der Störung unkorrelierten Hilfssignals (RIV) berücksichtigt. Diese Maßnahmen sind jedoch nur wirksam, wenn alle Meßwertsätze, die zur Parameterschätzung herangezogen werden, gleichwertig eingehen (d.h. $\rho = 1$). Soll die Schätzung zugleich das Schätzmodell an stetige Parameteränderungen des Prozesses (mit $\rho < 1$) adaptieren können, ist zunächst eine Separation der Störung im Signal erforderlich. Liegt der Frequenzbereich des Störrauschens hinreichend weit außerhalb des relevanten Frequenzbereichs der Prozeßanregung, kann der Störpegel durch diskrete Filterung des in die Schätzung eingehenden Eingangs-und Ausgangssignals abgesenkt werden (s. Abschnitt 4.33).

In __Bild 4.25__ ist exemplarisch dargestellt, daß durch entsprechende Filterwahl (hier PT_2 mit Eckfrequenz $\omega_{0F} = 2\omega_{02,max}$) eine erhebliche Absenkung des Störpegels und damit eine deutliche Verbesserung der Adaptionsfähigkeit zur Schätzung von Testprozeß TP2 erzielt werden kann.

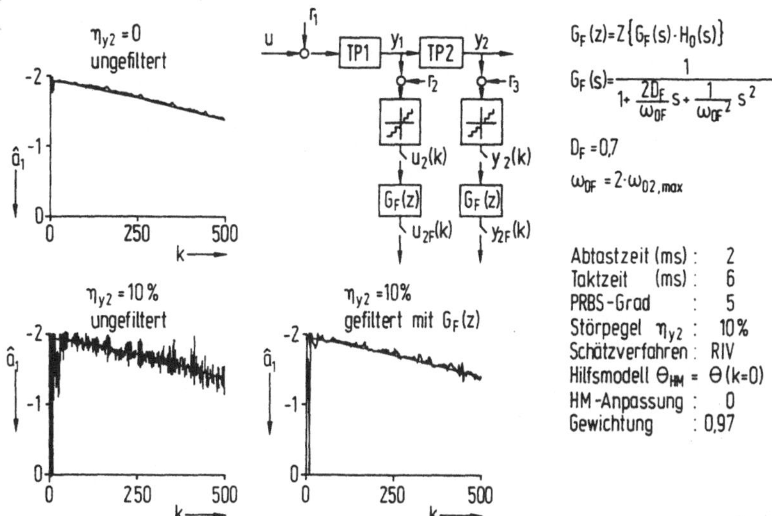

__Bild 4.25__: Parameterschätzung von TP2 nach digitaler zeitdiskreter Filterung der Signalfolgen

Beeinflussung der Schätzkonvergenz der RIV-Methode in der Startphase

Die Parameterschätzung mit den rekursiven Methoden wird maßgeblich durch die weitgehend willkürliche Startwertvorgabe für die Vektoren bzw. Matrizen $\hat{\underline{\theta}}(0)$, $\underline{P}(0)$, sowie $\underline{\theta}_{HM}(0)$ im RLS- und RIV-Rekursionsalgorithmus beeinflußt. Insbesondere zur Anwendung der RIV-Methode müssen mit Hilfe des RLS-Verfahrens jedoch zunächst Startwerte für das Hilfsmodell $\underline{\theta}_{HM}(0)$ bestimmt werden. Nach Durchlaufen dieser vorläufigen Schätzung haben sowohl $\hat{\underline{\theta}}$ als auch $\underline{P}$ von der ursprünglichen Startwerteinstellung verschiedene Werte angenommen. Das gleiche gilt prinzipiell auch, wenn zuvor derselbe Prozeß in einem anderen Arbeitspunkt identifiziert wurde. Es erhebt sich die Frage, inwieweit diese Einstellung bei Übernahme als Startwerteinstellung den weiteren Schätzverlauf beeinflußt und im Vergleich zu der Ausgangsinitialisierung mit $\hat{\underline{\theta}}(0) = \underline{0}$ bzw. $\underline{P}(0) = \alpha\underline{I}$ Vorteile bringt .

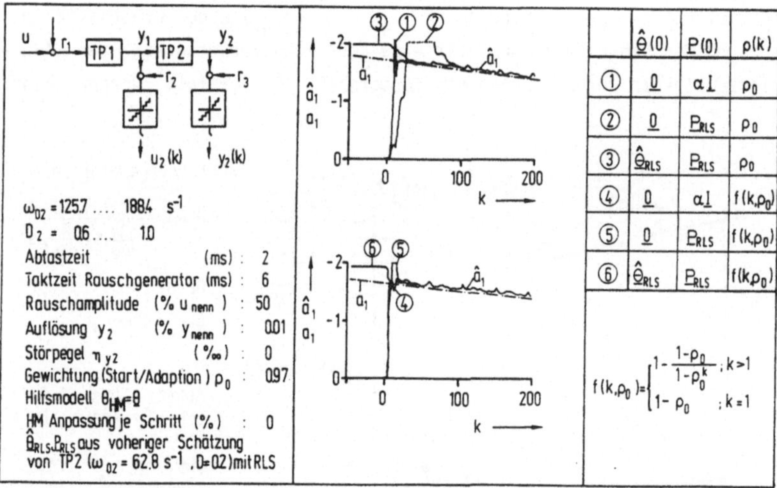

	$\hat{\underline{\theta}}(0)$	$\underline{P}(0)$	$\rho(k)$
①	$\underline{0}$	$\alpha\underline{I}$	ρ_0
②	$\underline{0}$	$\underline{P}_{RLS}$	ρ_0
③	$\hat{\underline{\theta}}_{RLS}$	$\underline{P}_{RLS}$	ρ_0
④	$\underline{0}$	$\alpha\underline{I}$	$f(k,\rho_0)$
⑤	$\underline{0}$	$\underline{P}_{RLS}$	$f(k,\rho_0)$
⑥	$\hat{\underline{\theta}}_{RLS}$	$\underline{P}_{RLS}$	$f(k,\rho_0)$

$$f(k,\rho_0) = \begin{cases} 1 - \dfrac{1-\rho_0}{1-\rho_0^k} & ; k > 1 \\ 1 - \rho_0 & ; k = 1 \end{cases}$$

Bild 4.26: Beeinflussung der Schätzkonvergenz bei Rekursionsstart mit RIV

In **Bild 4.26** sind exemplarisch die Verläufe des a_1-Modellparameters des parameterveränderlichen Prozesses TP2 bei unterschiedlichen Startwerteinstellungen für $\hat{\underline{\theta}}(0)$ und $\underline{P}(0)$ gegenübergestellt. Die Einstellung des Hilfsmodells $\underline{\theta}_{HM}$ ist in allen Fällen identisch.

Liegen aus einer vorherigen Schätzung bereits Schätzwerte der Modellparameter des Prozesses in einem anderen Arbeitspunkt vor, können diese bei der RIV-Methode als Startwerte für die Modellparameter und das Hilfsmodell übernommen werden. Nichtzurücksetzen der P-Matrix bedingt dann jedoch für eine schnelle Beendigung der Startphase bei Schätzbeginn eine ansteigende Gewichtung, ausgehend von kleinen Werten.

4.6 Zusammenfassung, Bewertung und Auswahl

Bei zeitvarianten Prozessen ist die Schätzgüte aller untersuchten Verfahren maßgeblich durch Störanteile im Meßsignal beeinflußt. Durch Setzen des Gewichtungsfaktors zu $\rho = 1$ wird gleichzeitig ein minimal schwankungsbehafteter Schätzverlauf zu Beginn der Parameterschätzung und im weiteren durch die mittelnde Wirkung eine Reduzierung der Störempfindlichkeit erreicht. Bei zeitvarianten Prozessen muß nach Beendigung der Startphase für eine adaptive Parameterschätzung die Gewichtung zurückgenommen werden. Die dann optimale Gewichtung ist von der Parameteränderungsrate abhängig. Die Gewichtungsfaktoren liegen im Bereich $0.95 \leq \rho \leq 0,99$.

Die Adaptionsfähigkeit der Schätzung sinkt mit zunehmender Modellordnung und wachsender Parameteränderungsrate. Störungen im Meßsignal der Prozeßeingangsgröße beeinträchtigen den Schätzverlauf und das Schätzergebnis erheblich mehr als Störungen im Ausgangssignal. Dies gilt insbesondere für das O3EM-Verfahren. Soweit möglich sollten deshalb die Störpegel der Meßsignale minimiert werden. Grundsätzlich geschieht dies durch Anhebung des Nutzsignalanteils gegenüber dem Störanteil. Da meist ein Störanteil gerätetechnisch nicht ohne erheblichen Aufwand reduziert werden kann, erweist sich häufig die Anhebung der Anregungsamplitude als die praktikablere Lösung. Nach Quantisierung der Signale sollte die Schwankungsamplitude mindestens 40 Quantisierungsstufen umfassen.

Da die Separation der Störung von durch Parameteränderungen bedingten Signalanteilen über den Gewichtungsfaktor a-priori nicht gelingt, kann eine diskrete Filterung der Meßsignalwertefolgen die adaptive Schätzung vorteilhaft unterstützen. Die Lage der relevanten Prozeßeigenfrequenzen

sollte jedoch ungefähr bekannt sein, damit der Sperrbereich des Filters
außerhalb dieses relevanten Frequenzbereichs festgelegt werden kann.
Das Testsignal sollte so ausgelegt werden, daß die Prozeßsignale möglichst in jedem Abtastwert dynamische Information beinhalten.

Die Parameterschätzverfahen RLS, OLS, O3EM erwiesen sich bei allen
untersuchten Einsatzfällen in der Anwendung als weitgehend unproblema-
tisch wegen der relativ geringen Anzahl freier Einstellparameter. Die
"O"-Verfahren besitzen darüber hinaus den Vorteil, daß keine Startwerte vorgegeben werden müssen. Das RIV-Verfahren dagegen zeigte sich
wesentlich empfindlicher hinsichtlich der Vorgabe von Hilfsmodell und
Anpaßfilter des Hilfsmodells an das aktuelle Schätzmodell. Bei Einwirkung von Meßsignalstörungen liefern jedoch RIV und O3EM wegen des erweiterten Schätzansatzes die besten Ergebnisse.

Muß im praktischen Einsatz von verrauschten Signalen aufgrund grober
Signalquantisierung oder großen Störanteilen ausgegangen werden, so
empfiehlt sich die Anwendung eines dieser beiden Schätzverfahren. RIV
ist programmtechnisch wesentlich einfacher zu realisieren als O3EM und
benötigt bei Modellen niedriger Ordnung weniger Rechenaufwand. Diese
Gründe sprechen bei gestörtem Prozeßsignal für die Anwendung der RIV-
Methode. Im Hinblick auf praktische Zuverlässigkeit sollen jedoch folgende Regeln beachtet werden:

* Start der Parameterschätzung mit der RLS-Methode und Gewichtung $\rho=1$.
* Reduzierung der Gewichtung bei adaptiver Schätzung frühestens nach
  Beendigung der Startphase.
* Umschaltung nach $k^* = (N_2-N_1+1)$-Rekursionsschritten auf RIV, dabei
  Übernahme des aktuellen Schätzmodells $\underline{\hat{\theta}}_{RLS}$ ($k=k^*$) als Hilfsmodell
  $\underline{\theta}_{HM}$ ($k=k^*$).
* Zur Vermeidung möglicher Instabilität im Schätzverlauf infolge der
  Hilfsmodellanpassung sollte auf die kontinuierliche Anpassung ver-
  zichtet und dafür eine abschnittweise Übernahme des Schätzmodells als
  Hilfsmodell (z.B. jeweils nach Auswertung von 100 Meßwertepaaren oder
  bei jedem neuen Arbeitspunkt) eingeführt werden. Diese Maßnahme ver-
  hindert ein Aufschaukeln zwischen Hilfsmodell und Schätzmodell, ohne
  daß die mit dem Hilfsmodellansatz erwünschte Wirkung merklich beein-
  trächtigt wird.

5 Rechnergestützte Identifikation dynamischer Prozeßmodelle des servohydraulischen Antriebes

Zielsetzung der rechnergestützten Identifikation servohydraulischer Antriebe ist die automatisierte Gewinnung möglichst umfassender Prozeß-modelle. Die anhand simulierter Testprozesse gewonnenen Regeln zur Anwendung von Parameterschätzverfahren müssen dazu für die Identifikation der dynamischen Modelle des realen servohydraulischen Antriebs umgesetzt werden. Dies erfordert eine dem Prozeßverhalten und den Betriebs-bedingungen angepaßte Vorgehensweise zur Prozeßanregung, Meßwerterfassung und Parameterschätzung.

Entsprechend der in Kap. 2 begründeten Modellstruktur wird im folgenden die Identifikation des Gesamtsystems in die Analyse der Teilprozesse "drosselgesteuerter Zylinder" und "Ventilschieber" untergliedert.

5.1 Ermittlung des Modells von drosselgesteuertem Zylinder

Wegen der vorhandenen nichtlinearen Eigenschaften des drosselgesteuerten Zylinders wird zunächst die Ermittlung linearer Prozeßmodelle an einer Vielzahl unterschiedlicher Arbeitspunkte, die netzartig über den gesamten Arbeitsbereich verteilt sind, betrachtet. Hierfür werden geeignete Vorgehensweisen bzw. Verfahren entwickelt und durch Gegenüberstellung mit den Ergebnissen aus konventionellen Analysen bewertet.

Aufgrund der theoretischen Modellierung dieses Teilprozesses (Kap. 2.1) werden charakteristische Verläufe der dynamischen Kenngrößen erwartet. Diese Vorkenntnis kann auf mehrfache Weise zur Unterstützung der Analyse verwendet werden:

* zur Festlegung der Identifikationsstrategie,
* zur nachträglichen Korrektur einzelner fehlerbehafteter Parameterschätzergebnisse,
* zur quantitativen Schätzung physikalischer Parameter,
* zur expliziten mathematischen Darstellung des Prozeßmodells im gesamten Arbeitsraum,
* zur Reduzierung des Analyseaufwandes.

Basis für die Nutzung dieser a-priori-Kenntnis ist eine Modellapproximation der nach arbeitspunktabhängiger Identifikation ermittelten Parametervarianz des zeitkontinuierlichen dynamischen Modells.

5.1.1 Strategie zur Prozeßanregung und Meßwerterfassung

Bei quasilinearer Betrachtung der Zylinderdynamik sind die Arbeitspunkte durch die Koordinaten Kolbenposition $x_{K,0}$ und Ventilschieberstellung $y_{V,0}$ gegeben. Der jeweilige Einsatzfall des Antriebs gibt
den relevanten Arbeitsbereich ($y_{V,0,min} \cdots y_{V,0,max}$, $x_{K,0,min} \cdots x_{K,0,max}$)
vor, innerhalb dem an definierten Arbeitspunkten im Hinblick auf die
Reglersynthese die parametrische Modellierung zu erfolgen hat.
Ausgewählte Arbeitspunkte können jedoch nicht stationär angefahren
werden, da sich mit einer Ventilschieberauslenkung $y_{V,0}$ auch eine entsprechende Kolbengeschwindigkeit $\dot{x}_{K,0}$ einstellt. Jeweils als Arbeitspunktkoordinate vorgewählte Kolbenpositionen werden mehr oder minder
schnell durchfahren.

Im Bild 5.1 aufgetragen ist beispielhaft die Gesamtheit aller verfügbaren Signalwerte von Ventilschieberposition und Kolbengeschwindigkeit
innerhalb einer Verfahrbewegung zwischen den Endlagen für unterschiedliche Gleichanteile von Ventilschieberauslenkung bzw. Vorschubgeschwindigkeit. Definierte Kolbenpositionen - im Bild als hyperbelähnliche
Kurven angedeutet - rücken bezüglich der Anzahl der Abtastungen k, bis
diese erreicht bzw. überschritten werden, mit wachsender Geschwindigkeit
immer weiter zusammen.

Da beim Zylinder in jedem Abtastschritt neu eingelesene Meßwertsätze
formal immer neuen Arbeitspunkten $(x_{K,0}, y_{V,0})_k$ zuzuordnen sind, müssen
zur Parameterschätzung dieses parametervarianten Teilsystems geeignete
Strategien für die Meßwerterfassung und Identifikation angewendet werden. Als praktisch realisierbare Lösung haben sich wegen der rechenzeit-
intensiven Parameterschätzung die folgenden Vorgehensweisen zur Meßwerterfassung und Identifikation erwiesen /38/:

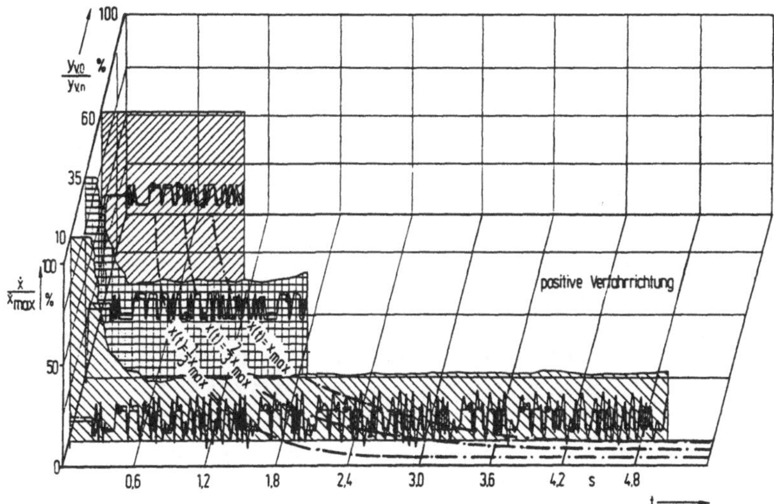

Bild 5.1: Ein-/Ausgangssignale des drosselgesteuerten Zylinders, Anregung bei verschiedenen Geschwindigkeiten über den gesamten Kolbenhub

Ausgewählten Kolbenpositionen wird eine vordefinierte Anzahl von Meßwertsätzen zugeordnet. Durch Festlegung, daß eine gleich große Anzahl von Meßwertsätzen _vor_ und _nach_ Erreichen der jeweils betrachteten Kolbenposition ausgewertet wird, kann mit Hilfe einer mittelnden Parameterschätzung (durch Gewichtungsfaktor $\rho = 1$) ein über den betrachteten Signalausschnitt gemitteltes Schätzmodell bestimmt werden. Die so errechneten Modellparameter werden dann dem jeweiligen Arbeitspunkt ($x_{K,0}$, $y_{V,0}$) zugeordnet (**Bild 5.2**). Diese Vorgehensweise bedingt die von der Kolbenposition $x_{K,0}$ abhängige Meßwerterfassung und -abspeicherung für die nachfolgende Parameterschätzung.

Die Meßwerterfassung erfolgt während der gesteuerten Anregung des Prozesses zwischen zwei softwaremäßig definierten Endlagen des Vorschubantriebs. Durch die während der Meßwerterfassung zeitparallel aktive Prozeßüberwachung, d.h. der Lageerfassung und automatischer Umschaltung der gesteuerten Anregung auf lagegeregelte Positionierung nach Erreichen der Endlagen, kann die Strecke auch bei relativ hohen stationären Vorschubgeschwindigkeiten (bis ca. 15m/min beim Versuchsantrieb) identifiziert werden.

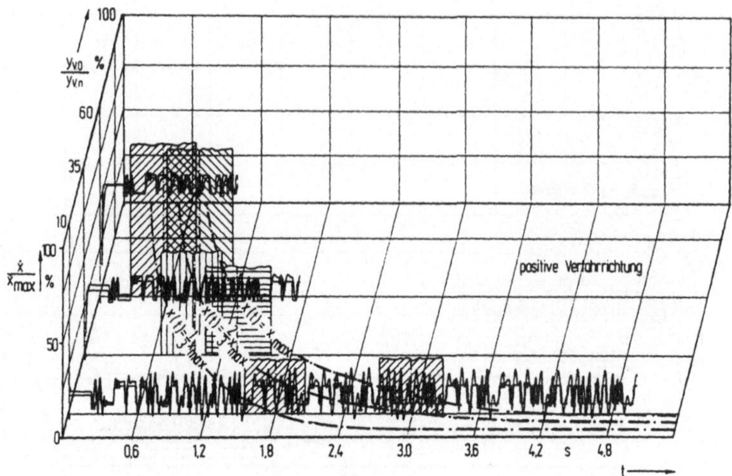

Bild 5.2: Zuordnung von Meßsignalausschnitten an definierte
Kolbenpositionen

5.1.2 Dimensionierung des Anregungssignals

Gemäß Gl. (4.16ff) empfiehlt sich für eine günstige Einstellung des
PRBS-Anregungssignals die Anpassung der PRBS-Taktzeit an die - zunächst
unbekannte - Dynamik (Eigenfrequenz) des Prozesses. Der Bereich der
kolbenpositionsabhängigen Eigenfrequenzen ist jedoch infolge meist
mangelnder Vorkenntnisse über die Prozeßparameter theoretisch auf Basis
der physikalischen Gleichung (2.14b) nur unzureichend abzuschätzen.
Experimentell problemlos und durch Mikrorechnereinsatz automatisch
durchführbar ist dagegen die Erfassung des Sprungantwortverhaltens
des Antriebs. Dazu wird der Ventilsollwert ausgehend von einer prinzipiell beliebigen Kolbengeschwindigkeit bei Erreichen definierter Kolbenpositionen sprungförmig auf Null geschaltet. Die Wahl der Aus-
gangskolbengeschwindigkeit orientiert sich allein an der Quantisierungsstufung diese Signals. Letztere sollte die Auswertung nur geringfügig beeinträchtigen (s. Tabelle 6.1b).

Unter Vernachlässigung der Ventildynamik entspricht der meist schwach gedämpfte Zeitverlauf der Kolbengeschwindigkeit in erster Näherung dem PT_2-Ausgangssignalverlauf des drosselgesteuerten Zylinders, so daß sich aus der Schwingfrequenz und dem Amplitudenabfall positionsabhängige Werte für die Zylindereigenfrequenz und -dämpfung berechnen lassen. (Bild 5.3)

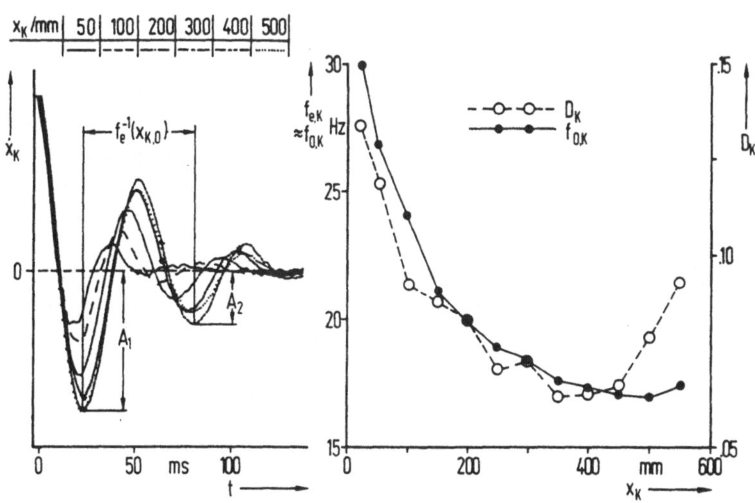

Bild 5.3: Sprungantwortanalyse am Versuchsantrieb

Mit dem erwarteten Eigenfrequenzspektrum des drosselgesteuerten Zylinders von $f_{0,K}$ = 15 ... 40Hz und einer eingestellten Abtastzeit von T = 2ms ergibt sich mit Gl. (4.16ff) die für den Versuchsantrieb günstige Einstellung des PRBS-Testsignals zu: n_{PRBS} = 5 ; λ_{PRBS} = 6ms. Der Gleichanteil u_{PRBS} wird aus der jeweils anzufahrenden Arbeitspunktkoordinate $y_{V,0}$ und der statischen Kennlinie $y_{V,0}$ (u_0) (Bild 3.6) eingestellt. Die Rauschamplitude u_{PRBS} wird gemäß Bild 4.21 so gewählt, daß die sich ergebende Schwankungsamplitude des A/D-gewandelten Ventilschieberwegsignals mindestens 30...40 Quantisierungsstufen entspricht.

5.1.3 Arbeitspunktabhängige Parameterschätzung des drosselgesteuerten Zylinders

Wichtigste Voraussetzung für einen automatischen Identifikationsablauf ist eine sichere Schätzung der Modellparameter und damit weitestgehende Unempfindlichkeit gegenüber Störeinflüssen sowie aus der Anregung um den Arbeitspunkt resultierender Dynamikschwankungen. Dieser Forderung ist die Ausnutzung der Adaptionsfähigkeit der Schätzung (durch Gewichtung $\rho < 1$) bei parametervarianten Prozessen unbedingt unterzuordnen. Ausschließlich mit der Gewichtung $\rho = 1$ ergeben sich nach Auswertung des gesamten dem Arbeitspunkt zugeordneten Signalwertesatzes für diesen hinreichend repräsentative Modellparameter (Bild 5.4). Bei Übergang er-

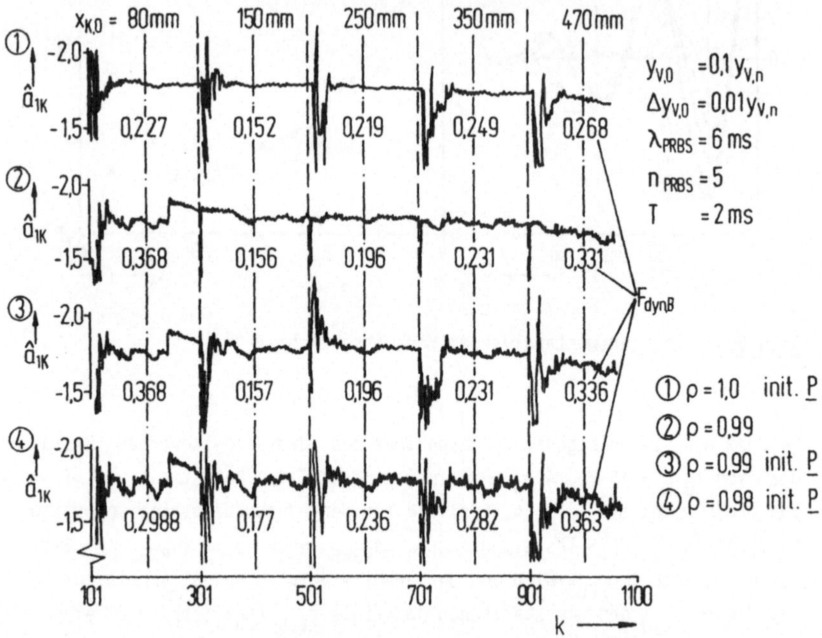

Bild 5.4: RLS-Schätzverlauf von drosselgesteuertem Zylinder

ster ausgewerteter Arbeitspunkte zu weiteren bewirkt entweder eine Neuinitialisierung der Kovarianzmatrix P oder aber vorübergehende Wichtungen mit $\rho < 1$ das "Vergessen" zum vorherigen Arbeitspunkt gehörender Meßwertsätze.

Die in Bild 5.4 zahlenmäßig eingetragenen Werte des dynamischen Fehlers $F_{dyn,B}$ aus den nach Ende der Parameterschätzung jeweils rekonstruierten Ausgangssignalverläufen bestätigen die Wirksamkeit dieser Vorgehensweise.

Die Kennfelder der geschätzten zeitdiskreten Modellparameter über den Arbeitsbereich (Bild 5.5) lassen die aus der theoretischen Modellbildung erwartete Parametervarianz wiedererkennen und rechtfertigen die angewendete Identifikationsstrategie.

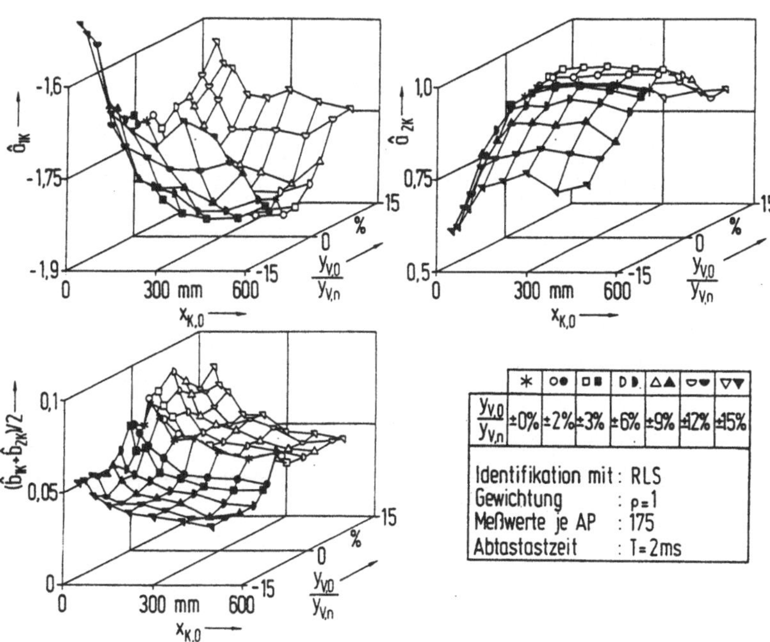

Bild 5.5: Geschätzte Koeffizienten der z-Übertragungsfunktion des Servozylinders in Abhängigkeit vom Arbeitspunkt

Nach Transformation in die zeitkontinuierliche Beschreibungsform mit Annahme eines PT_2-Übertragungsverhaltens erhält man die in Bild 5.6 dargestellten Kennfelder von Eigenfrequenz und Dämpfungswerten des zeitkontinuierlichen Modells. Im Bild 5.6 sind zugleich die durch konventionelle Analyse (im Bodediagramm approximiertes Modell bzw. Sprungantwortauswertung) bestimmten Parameter dargestellt. Die konventionelle manuelle Vorgehensweise zur Frequenzgangbestimmung (z.B. /39/ ohne Prozeßrechnerkontrolle des Antriebs erlaubt nur eine Analyse für sehr niedrige stationäre Vorschubgeschwindigkeit ($\dot{x}_K \approx 0$). Die Parameter eines größeren Arbeitsbereiches erhält man erst durch Verwendung des Mikrorechners als zentrale Einheit für die Signalgenerierung, Signalerfassung und Prozeßüberwachung.

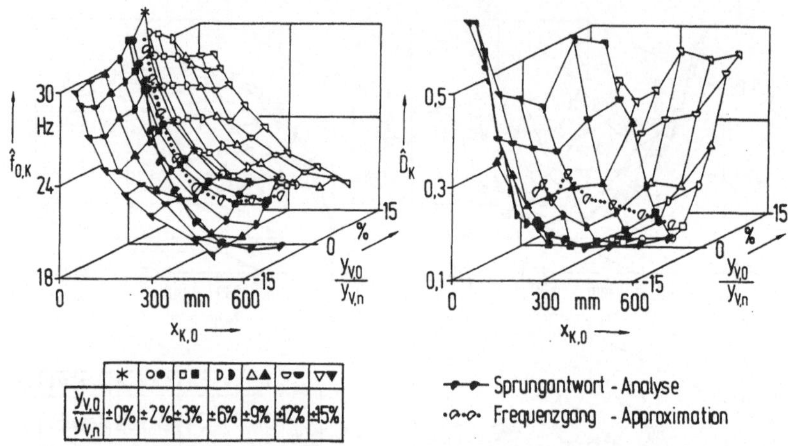

$\frac{y_{V,0}}{y_{V,n}}$	*	○●	□■	◗	△▲	▽▼	▽▼
	±0%	±2%	±3%	±6%	±9%	±12%	±15%

<u>Bild 5.6</u>: Parameterkennfelder des zeitkontinuierlichen Zylindermodells

5.1.4 Auswertung der Arbeitspunktabhängigkeit dynamischer Kenngrößen

Erfordert einerseits das nichtlineare Verhalten des drosselgesteuerten Zylinders die Identifikation mit Hilfe linearer Modellansätze in definierten Arbeitspunkten, so kann andererseits die charakteristische Eigenschaft der Arbeitspunktabhängigkeit dynamischer Kenngrößen ($\omega_{0,K}, D_K$) zum Abgleich des theoretischen Modells und zur Rückrechnung physikalischer Parameter sowie zur Extrapolation der Kenngrößen für nicht durch Parameterschätzung identifizierte oder identifizierbare Arbeitsbereiche verwendet werden.

Grundlage für eine derartige Auswertung sind einerseits - hinreichend viele - identifizierte Modellparameter in Abhängigkeit der Arbeitspunktkoordinaten, andererseits die in Abschnitt 2.1.2 angegebenen Kennwertgleichungen (2.14b,c).

Aus Gründen der leichteren Separierbarkeit der Einflußgrößen von variabler Steifigkeit über der Kolbenposition sowie variabler Verstärkung in Abhängigkeit von der Ventilschieberstellung wird davon ausgegangen, daß je ein Satz der geschätzten zeitkontinuierlichen Modellparameter in der Form

bzw.
$$\left[\omega_{0,K,x}(x_{K,\nu}; y^*_{V,0}=\text{const}); D_{K,x}(x_{K,\nu}; y^*_{V,0}=\text{const}) \right]$$
$$\left[\omega_{0,K,y}(x^*_{K,0}=\text{const}; y_{V,\nu}); D_{K,y}(x^*_{K,0}=\text{const}; y_{V,\nu}) \right]$$

vorliegt, wobei $y^*_{V,0}$ = const. bzw. $x^*_{K,0}$ = const. beliebig gewählte Bezugskoordinaten sind.

5.1.4.1 Modellapproximation der kolbenpositionsabhängigen Parametervarianz

Die nichtlineare Bestimmungsgleichung für die Eigenkreisfrequenz des drosselgesteuerten Zylinders $\omega_{0,K,x}$ Gl. (2.14b) ergibt sich nach Einsetzen des Steifigkeitsverlaufes $c_{ges}(x_{K,0})$, Gl. (2.12) und Quadrierung zunächst:

$$\omega_{0,K,x}^2 = \frac{E'_{\text{öl}} A_1}{m}\left(1- \frac{d_N K_p(y^*_{V,0}=\text{const})}{A_1^2}\right)\left[\frac{1}{\dfrac{V_{T1}}{A_1}+x_{K,0}} + \frac{i}{\left(\dfrac{V_{T2}}{iA_1}+h\right)-x_{K,0}}\right] \qquad (5.1)$$

Nach Einführung neuer Variablen A,B,C,D und Substitution durch

$$V_{T1}/A_1 = (C-\sqrt{C^2-4D})/(2D) \qquad (5.2)$$

$$V_{T2}/(iA_1) + h = (-C-\sqrt{C^2-4D})/(2D) \qquad (5.3)$$

$$i = F_i(A,B,C,D) = \frac{2AD-BC-B\sqrt{C^2-4D}}{2AD-BC+B\sqrt{C^2-4D}} \qquad (5.4)$$

$$\frac{E'_{\text{öl}} A_1}{m_{\text{red}}}\left(1- \frac{d_N K_p(y^*_{V,0}=\text{const})}{A_1^2}\right) = \frac{2AD-BC+B\sqrt{C^2-4D}}{2D\sqrt{C^2-4D}} \qquad (5.5)$$

kann Gl. (5.1) vereinfacht dargestellt werden:

$$\omega_{0,K}^2 = \frac{A+Bx_{K,0}}{1+Cx_{K,0}+Dx_{K,0}^2} \qquad (5.6)$$

Durch Umstellung dieser Gleichung erhält man ein in den Parametern A,B,C,D lineares Polynom:

$$\omega_{0,K}^2 - A - Bx_{K,0} + Cx_{K,0}\,\omega_{0,K}^2 + Dx_{K,0}^2\,\omega_{0,K}^2 = 0 \qquad (5.7)$$

Dieses Polynom ist Ausgangspunkt für die Ermittlung von Schätzwerten $\hat{A},\hat{B},\hat{C},\hat{D}$ in der Bestimmungsgleichung Gl. (5.6). Die direkte Berechnung der Schätzparameter aus nur 4 Wertepaaren von $(x_{K,0},\ \hat{\omega}_{0,K,x})$ scheidet jedoch aus, da $\omega_{0,K,x}$ selbst aus einer fehlerbehafteten Parameterschätzung resultiert und sich folglich entsprechend stark fehlerbehaftete Werte für $\hat{A},\hat{B},\hat{C},\hat{D}$ ergeben würden. Es empfiehlt sich deshalb eine Regressionsanalyse auf Basis <u>aller</u> nach Parameterschätzung vorliegenden Wertepaare von $\omega_{0,K,x}(x_{K,0};\ y^{*}_{V,0}=\text{const})$. Bei bekanntem Flächenverhältnis i muß dabei als Nebenbedingung die Erfüllung von Gl. (5.4) gefordert werden.

Zur numerischen Berechnung der Schätzparameter $\hat{A},\hat{B},\hat{C},\hat{D}$ eignet sich das folgende iterative Lösungsschema mit unterlagerter Least-Squares Schätzung:

Iterative Nullstellenbestimmung von ε_i
(z.B. mit Hilfe Newton-Raphson-Algorithmus):

$$\varepsilon_{i,j} = i - F_i(\hat{A}_{j-1},\ \hat{B}_{j-1},\ \hat{C}_{j-1},\ \hat{D}_{j-1}) \qquad (5.8)$$

$$\hat{A}_j = f(\hat{A}_{j-1},\ \varepsilon_{i,j-1},\ \varepsilon_{i,j}) \qquad (5.9)$$

unterlagerte Approximation auf Basis der direkten gewichteten Least-Squares-Schätzung zur Minimierung des Gleichungsfehlers

$j = j+1$

$$\varepsilon_{\omega,v} = (\hat{\omega}_{0,K,v}^2 - \hat{A}_j) - (\hat{B}_j x_{K,v} - \hat{C}_j x_{K,v}\,\hat{\omega}_{0,K,v}^2 - \hat{D}_j x_{K,v}^2\,\hat{\omega}_{0,K,v}^2) \qquad (5.10)$$

$$\sum_{v=1}^{N} (\rho_{\omega,v} \cdot \varepsilon_{\omega,v})^2 \stackrel{!}{=} \text{Min.} \xrightarrow[\text{liefert}]{\text{LS-Schätzung}} \hat{B}_j,\ \hat{C}_j,\ \hat{D}_j \qquad (5.11)$$

Für $\hat{A}$ können als Startwerte in der Iterationsschleife grobe Schätzwerte von $\omega_{0,K}^2(x_K=0)$ vorgegeben werden. (In der vorliegenden Arbeit entspricht $x_K=0$ der Kolbenposition im eingefahrenen Zustand).

Als Gewichtungsfaktoren $\rho_{\omega,\nu}$ zur Bewertung der Fehler $\varepsilon_{\omega,\nu}$ im Schätzansatz Gl. (5.11) müssen Werte gewählt werden, die die Schätzgüte der in den Arbeitspunkten $(x_{K,\nu} ; y^*_{\nu,0})$ identifizierten Modelle quantifizieren. In Abschnitt 4.2.2 wurde dazu der dynamische Fehler $F_{dyn,B}$ als Maß für den Unterschied des tatsächlichen und dem nach Parameterschätzung rekonstruierten Ausgangssignal eingeführt. Eine von der Modellgüte abhängige Bewertung der einzelnen Gleichungsfehler $\varepsilon_{\omega,\nu}$ ergibt sich z.B. durch

$$\rho_{\omega,\nu} = F_{dyn,B,\nu}^{-1} \qquad (5.12)$$

Anstelle der kolbenpositionsabhängigen Dämpfung $D_K(x_{K,0} ; y^*_{V,0}=\text{const.})$ nach Gl. (2.14c) wird vereinfachend die Abklingkonstante $\delta_K(x_{K,0}; y^*_{V,0} = \text{const.})$ mit

$$\delta_K = \omega_{0,K} \, D_K \qquad (5.13)$$

approximiert. Einsetzen von Gl. (2.14b,c) liefert die theoretische Bestimmungsgleichung

$$\delta_K(x_{K,0}, y^*_{V,0} = \text{const.}) = \frac{d_N}{2m_{red}} - \frac{K_p(y^*_{V,0}=\text{const})E'_{\ddot{o}l}}{2A_1} \cdot f_{K1}(x_{K,0}) \qquad (5.14)$$

mit

$$f_{K1}(x_{K,0}) = \frac{1}{\dfrac{V_{T1}}{A_1} + x_{K,0}} + \frac{i}{\dfrac{V_{T2}}{iA_1} + h-x_{K,0}} \qquad (5.15)$$

wobei $f_{K1}(x_{K,0})$ nach der Approximation von $\omega_0(x_{K,0}, y^*_{V,0} = \text{const.})$ mit Gl. (5.2) und Gl. (5.3) für jede Position $x_{K,0}$ angegeben werden kann. Nach Substitution von Gl. (5.14) mit

$$E = d_N/2m_{red} \qquad (5.16)$$

$$F = - K_p(y^*_{V,0}=\text{const})E_{\ddot{o}l}' \, /2A_1 \qquad (5.17)$$

ergibt sich die in Parametern E und F lineare Beziehung

$$\delta_K = E + F \cdot f_{K1}(x_{K,0}) \tag{5.18}$$

E ist definitionsgemäß arbeitspunktunabhängig, F nimmt dagegen mit $y_{V,0}$ unterschiedliche Werte an.

Die für die Least-Squares-Schätzung geeignete Schätzgleichung für $\hat{E}$ und $\hat{F}$ erhält man nach Umstellung der Gleichung:

$$\delta_{K,v}(x_{K,v}; y^*_{V,0}=const.) - [\hat{E} + \hat{F} f_{K1}(x_{K,v})] = \varepsilon_{\delta,v} \tag{5.19}$$

Die gewichtete Least-Squares-Schätzung zur Minimierung des Gleichungs-fehlers

$$\sum_{v=1}^{N} (\rho_{\delta,v} \cdot \varepsilon_{\delta,v})^2 \overset{!}{=} Min. \tag{5.20}$$

mit $\rho_{\delta,v} = \rho_{\omega,v}$ nach Gl. (5.12) liefert die Schätzwerte $\hat{E}$ und $\hat{F}$.

Die in <u>Bild 5.7</u> eingetragenen Kurven approximieren Schätzwerte von Ei-genfrequenz und Dämpfung des drosselgesteuerten Zylinders im Versuchs-antrieb bei einem willkürlich gewählten Aussteuerungsgrad $y^*_{V,0}=-3\%$. Die mit Hilfe von Gl. (5.2) und Gl. (5.3) errechneten Schätzwerte der Totvolumina

$$\hat{V}_{T1} = 88\ cm^3\ ;\quad \hat{V}_{T2} = 164\ cm^3$$

sind nur geringfügig fehlerbehaftet gegenüber den aus Konstruktionsun-terlagen ermittelten Werten.

$$\varepsilon_{VT1} = \frac{V_{T1} - \hat{V}_{T1}}{h\ A_1} = +\ 11,7\ \%\ ;\quad \varepsilon_{VT2} = \frac{V_{T2} - \hat{V}_{T2}}{h\ A_1} = -\ 6,1\ \%$$

Durch die Approximation wird nachträglich - nach der Parameterschätzung- eine vorteilhafte, physikalisch begründete Glättung der Schätzparame-ter bewirkt.

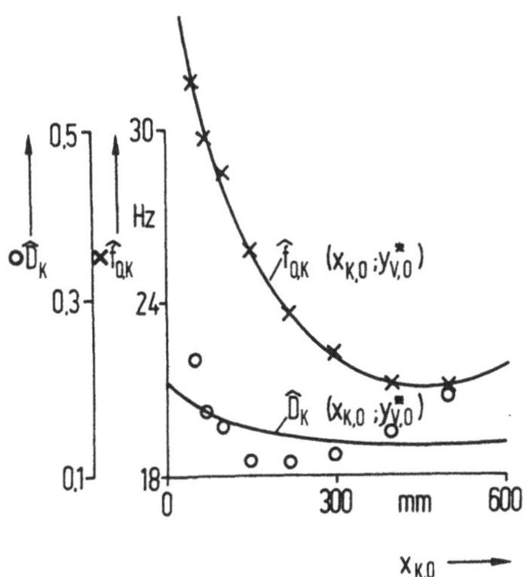

Bild 5.7:
Geschätzte dynamische Kenngrößen und Approximationskurven bei konstanter Ventilaussteuerung ($y_{V,0} = -3\%$)

5.1.4.2 Approximation der Ventilausteuerungsgrad - abhängigen Parametervarianz

Die Varianz der Eigenfrequenz- und Dämpfungswerte im linearisierten Modell mit der Ventilaussteuerung $y_{V,0}$ (bei fester Kolbenposition $x^{*}_{K,0}$) resultiert aus der veränderlichen Verstärkung $K_p(y_{V,0})$ für den durch Lastdruckschwankung hervorgerufenen Anteil der Lastvolumenstromänderung. Die Parameterschätzung des drosselgesteuerten Zylinders im Versuchsantrieb an Arbeitspunkten mit fester Bezugskolbenposition $x^{*}_{K,0}$ und variablem Ventilaussteuerungsgrad liefert nach Umrechnung zu zeitkontinuierlichen dynamischen Parametern die in **Bild 5.8** dargestellten charakteristischen Verläufe. Der Eigenfrequenzverlauf ist "w"-förmig mit einem lokalen Maximum im Bereich betragsmäßig kleiner Ventilaussteuerungsgrade. Es hat seine Ursache in der typischen negativen Überdeckung der Ventilsteuerkanten. Eine weitergehende Interpretation mit Hilfe der Kenngrößengleichungen Gl. (2.14b,c) scheidet aus, da diese ausschließlich für Ventilaussteuerungen außerhalb der Überdeckung $|y_{V,0}|>|y_0|$ abgeleitet wurden. Das gleiche gilt ebenfalls für den parabolischen Dämpfungsverlauf, der im Gegensatz zur Eigenfrequenz keine der negativen Überdeckung unmittelbar zuzuordnende markante Charakteristik aufweist.

Im Sinne der Aufgabenstellung in dieser Arbeit jedoch wird auf eine vertiefende Untersuchung verzichtet.

Anstelle eines physikalisch begründbaren Approximationsansatzes werden deshalb empirisch, aufgrund der festgestellten Kurvencharakteristika gewählte Gleichungsansätze benützt:

$$\hat{\omega}_{0,K}\,(x^{*}_{K,0} = \text{const};\ y_{V,0}) = f_{K2}(x^{*}_{K,0};\ y_{V,0}) =$$

$$= \frac{a_{0K2} + a_{1K2}y_{V,0} + a_{2K2}y^{2}_{V,0} + a_{3K2}y^{3}_{V,0} + a_{4K2}y^{4}_{V,0}}{1 + a_{5K2}y_{V,0} + a_{6K2}y^{2}_{V,0}} \tag{5.21}$$

$$\hat{D}_{K}(x^{*}_{K,0}=\text{const};y_{V,0})=f_{K3}(x^{*}_{K,0};y_{V,0})=a_{0K3}+a_{1K3}y_{V,0}+a_{2K3}y^{2}_{V,0} \tag{5.22}$$

Die Koeffizienten der beiden Ausgleichskurven erhält man wiederum mit Hilfe einer direkten Least-Squares Schätzung entsprechend Gl. (3.23) bzw. Gl. (A 2.24). Damit einerseits Werte von $\hat{\omega}_{0,K}$ und $\hat{D}_{K}$ im Bereich der Ventilumsteuerung, andererseits Schätzwerte hoher Modellgüte bevorzugt angenähert werden, empfiehlt sich eine gewichtete Schätzung mit

$$\rho_{\omega,\nu} = \rho_{\delta,\nu} = (y_{V,\nu}\ F_{dyn,B,\nu})^{-1} \tag{5.23}$$

Die in __Bild 5.8__ eingetragenen Ausgleichskurven $f_{K2}(y_{V,0})$ und $f_{K3}(y_{V,0})$ wurden auf die oben beschriebene Art ermittelt.

Voraussetzung für die Genauigkeit der Approximationskurven ist, daß die zugrunde liegenden Dämpfungs- und Eigenfrequenzwerte bei variablem $y_{V,0}$ möglichst genau geschätzt wurden. Um dies zu gewährleisten, sollten für die Parameterschätzung optimale Voraussetzungen vorliegen. Im Hinblick auf eine höhere Schätzgüte empfiehlt sich deshalb eine Bezugskolbenposition im Bereich des - meist flachen - Eigenfrequenzminimums. Ein in diesem Bereich erfaßter Signalverlauf der Kolbengeschwindigkeit beinhaltet eine nur geringfügige Parametervarianz. Diese ist somit weitgehend vernachlässigbar bei der Parameterschätzung.

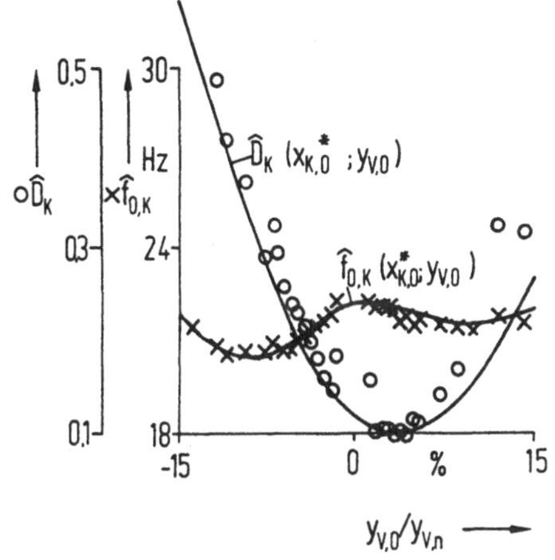

Bild 5.8:

Geschätzte dynamische Kenngrößen und Approximationskurven bei konstanter Kolbenposition ($x_{K,0}^* = 400$ mm)

5.1.5 Explizite mathematische Darstellung dynamischer Parameter des linearen Schätzmodells im gesamten Arbeitsraum

Mit dem Ziel, an definierter Kolbenposition und Ventilaussteuerung ermittelte Werte von $\omega_{0,K}(x_{K,0}; y_{V,0}^*)$ auf andere Kolbenpositionen und gleicher Aussteuerung extrapolieren zu können, wird in Gl. (5.1) zunächst eine Aufspaltung in multiplikativ verknüpfte Anteile vorgenommen:

$$\omega_{0,K}^2(x_{K,0}, y_{V,0}^*) = f_{K1}(x_{K,0})\, f_{K4}(y_{V,0}^*) \tag{5.24}$$

mit

$$f_{K4}(y_{V,0}^*) = \frac{E_{öl}^{'}\, A_1}{m_{red}}\left(1 - \frac{d_N K_p(y_{V,0}^*)}{A_1^2}\right) \tag{5.25}$$

und $f_{K1}(x_{K,0})$ nach Gl. (5.15). Für die neue Ventilaussteuerung $y_{V,0}^{'}$ kann der Funktionswert von $f_{K4}(y_{V,0}^{'})$ mit Hilfe eines einzelnen bekannten Eigenkreisfrequenzwertes bei $(x_{K,0}^{'}; y_{V,0}^{'})$ berechnet werden:

$$f_{K4}(y_{V,0}^{'}) = \omega_{0,K}^2(x_{K,0}^{'}, y_{V,0}^{'})/f_{K1}(x_{K,0}^{'}) \tag{5.26}$$

Werte der Eigenkreisfrequenz an beliebigen Positionen $x_{K,0}$ und gleicher Ventilaussteuerung $y_{V,0}'$ ergeben sich anschließend mit Gl. (5.24).

Auch für die Extrapolation der Abklingkonstante wird zunächst eine Aufspaltung in von $x_{K,0}$ bzw. $y^*_{V,0}$ abhängige multiplikativ verknüpfte Anteile vorgenommen:

$$\delta_K(x_{K,0},\ y^*_{V.0}) = E + F(y^*_{V,0})\ f_{K1}(x_{K,0}) \qquad (5.27)$$

Da nach Approximation der mit der Kolbenposition $x_{K,0}$ veränderlichen dynamischen Kenngrößen $\hat{E}$ und $f_{K1}(x_{K,0})$ bekannt sind, wird die Größe $\hat{F}(y_{V,0}')$ mit Hilfe eines einzelnen bekannten Wertes von δ_K bei $(x_{K,0}'\ ;\ y_{V,0}')$ bestimmt:

$$\hat{F}(y_{V,0}') = (\ (x_{K,0}'\ ;\ y_{V,0}')\ - \hat{E})/f_{K1}(x_{K,0}') \qquad (5.28)$$

Die Extrapolation auf weitere Kolbenpositionen bei gleicher Ventilaussteuerung $y_{V,0}'$ geschieht mit Gl. (5.27). Zur Ermittlung des entsprechenden Dämpfungswertes am Arbeitspunkt wird Gl. (5.13) benutzt.

Durch Ausnutzung vorgenannter Eigenschaften kann nun der Aufwand zur Modellparameterschätzung des drosselgesteuerten Zylinders erheblich reduziert werden. Anstelle der Schätzung an einer Vielzahl über den gesamten Arbeitsraum verteilter Stützpunkte (Abschnitt 5.13) tritt die Parameterschätzung ausschließlich an Stützpunkten auf zwei zu den Arbeitsraum-Koordinatenachsen prinzipiell beliebig wählbaren parallelen Bezugsachsen mit $y^*_{V,0}$ = const. bzw. $x^*_{K,0}$ = const.

Ausgleichskurven durch die hier ermittelten Schätzparameter spannen das gesamte Arbeitsraum-Kennfeld auf. Notwendige Bedingung dafür ist, daß die beiden Ausgleichskurven einen gemeinsamen Schnittpunkt besitzen. Bei unabhängiger Approximation verlaufen diese im Regelfall zunächst kreuzungsfrei.

Praktisch realisierbare Vorgehensweisen zur Erfüllung der Schnittbedingung sind:

- Festlegung des Schnittpunktes als Funktionswert der zuerst errechneten Approximationskurve in ($x^*_{K,0}$, $y^*_{V,0}$) und entsprechende Modifikation des Schätzansatzes für die zweite Kurve.
- Nachträgliches "Ineinanderschieben" der für $x^*_{K,0}$ bzw. $y^*_{V,0}$ unabhängig ermittelten Ausgleichskurven durch Berücksichtigung eines entsprechenden Offsets im Funktionswert der verschobenen Kurve.

Im folgenden wird die zweite Variante angewendet. Dabei wird als Schnittpunkt der Funktionswert der über $x_{K,0}$ (bei $y^*_{V,0}$=const.) approximierten Kurve gewählt. Diese besitzt gegenüber derjenigen mit variablem y_V (bei $x^*_{K,0}$ = const.) erfahrungsgemäß größere Vertrauensbereiche.

Eigenfrequenz- und Dämpfungswerte an beliebigen Punkten des Arbeitsraumes ($x_{K,0}$; $y_{V,0}$) können daraufhin unmittelbar angegeben werden:

$$\hat{\omega}_{0,K}(x_{K,0};y_{V,0}) = f_{K2}(x^*_{K,0},y_{V,0}) \sqrt{f_{K1}(x_{K,0})/f_{K1}(x^*_{K,0})} \qquad (5.30)$$

$$\hat{D}_K(x_{K,0};y_{V,0})=[\hat{E}+(f_{K3}(x^*_{K,0};y_{V,0})\,\hat{\omega}_{0,K}(x_{K,0};y_{V,0})-\hat{E})(f_{K1}(x_{K,0})/f_{K1}(x^*_{K,0})]$$
$$/\,\hat{\omega}_{0,K}(x_{K,0};y_{V,0}) \qquad (5.31)$$

__Bild 5.9__ zeigt die aus den Bezugskurven für $\omega_{0,K}$ und D_K errechneten Parameter-Kennfelder des drosselgesteuerten Zylinders.

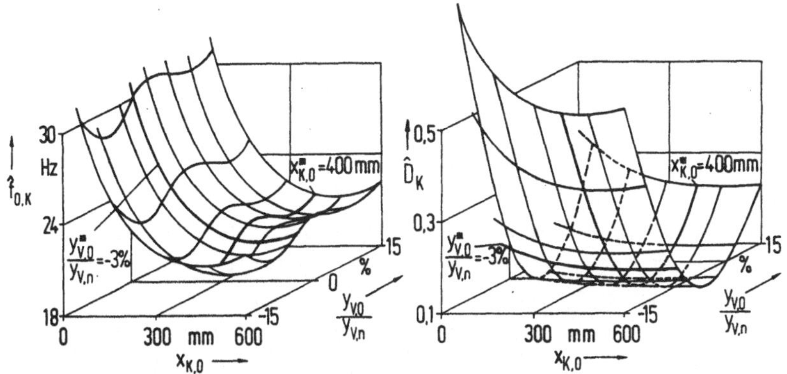

__Bild 5.9__: Extrapolierte Kennfelder dynamischer Modellparameter des drosselgesteuerten Zylinders

5.2 Ermittlung des Ventilschiebermodells

Datenblätter zu Servoventilen weisen die dynamischen Eigenschaften dieser Geräte meist in Form von Beschreibungsfunktionen im Bodediagramm
oder durch Angabe von Eckwerten ("-3dB-Frequenz" oder "-90°-Frequenz")
aus. Diese sind meist jeweils auf bestimmte Signalamplituden und Be-
triebsdrücke (bei vorgesteuerten Ventilen) bezogen.
Die Ermittlung dieser Eckdaten erfolgt üblicherweise bei hinter dem
Ventil verschlossenen Arbeitsanschlüssen zur Vermeidung von Strömungskraftrückwirkungen. Aufgrund von Parameterschwankungen infolge von Fertigungstoleranzen und unterschiedlichen Einsatzbedingungen (Betriebsdruck) ist jedoch trotzdem die möglichst exakte Bestimmung des Ven-
tilschiebermodells unter den jeweiligen Randbedingungen des Einsatzfalles erforderlich.
Ziel der experimentellen Analyse des Ventilschieberverhaltens ist einerseits die Ermittlung des Nominalmodells G_V (ohne Strömungskraftrückwirkung) und der durch Strömungskräfte bedingten Parametervarianz des
die Rückwirkung berücksichtigenden Modells G_{VQy} (s. Abschnitt 2.2.2).

5.2.1 Ermittlung des strömungskraftfreien Nominalmodells

Unter der Randbedingung eines betriebsfertigen Antriebsaufbaus ist der
Ausschluß von Strömungskraftrückwirkungen in der Regel nur mit mecha-
nischer Fixierung des vom Ventil beaufschlagten Arbeitskolbens durch
geeignete Bauelemente, ersatzweise durch Fahrt an eine mechanische Endlage und Voraussteuerung des Ventils mit $y_{V,0}$ zu gewährleisten. Eine
Ausnahme bildet der nicht übliche Fall, daß Schaltventile in den Ar-
beitsleitungen vorhanden sind, womit diese definiert geschlossen werden
können.
Auf Grundlage der aus Datenblättern näherungsweise bekannten dynamischen
Eigenschaften werden Taktzeit und Grad des PRBS-Testsignals, mit dem das
Ventil eingangsseitig angeregt werden soll, festgelegt.
Das abgetastete und digitalisierte Wegsignal des Steuerschiebers ist
vorwiegend durch Quantisierungsfehler bei der A/D-Wandlung gestört. Zur
Minimierung des Störpegels im Meßsignal sollte die Schwankungsamplitude
des A/D-gewandelten Wegsignals infolge der Anregung mindestens 30...40
Quantisierungsstufen umfassen. Gleichzeitig darf jedoch der lineare Dy-

namikbereich des Steuerschiebers (begrenzt durch die max. Steuerschie-
bergeschwindigkeit) nicht überschritten werden. Die PRBS-Amplitude wird
deshalb kleiner als die maximale Sprunghöhe mit linearem Übergangsver-
halten eingestellt. Da keine ausgesprochene Arbeitspunktabhängigkeit
vorliegt, kann die Anregung und Parameterschätzung in quasi jedem beliebigen Arbeitspunkt $y_{V,0}$ erfolgen. Die Auswertung einer entsprechend di-
mensionierten Anregung des Ventils im Versuchsantrieb durch Parameterschätzung (Modellansatz 2. Ordnung, 200 Meßwertepaare) liefert das in
__Bild 5.10__ spezifizierte zeitdiskrete bzw. nach Umrechnung zeitkontinu -
ierliche Modell.

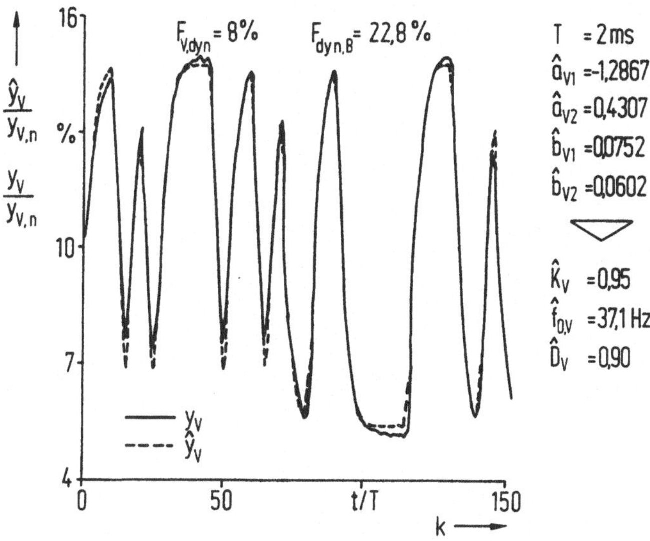

__Bild 5.10:__ Gemessener und nach Parameterschätzung rekonstruierter Signalverlauf der Ventilschieberbewegung (Arbeitskolben fixiert
durch mechanische Endlage)

Die Modellgüte wird durch die gute Übereinstimmung von Meßsignal und
nach Schätzung rekonstruiertem Modellausgangssignal $\hat{y}_V$ dokumentiert.

Unter der Voraussetzung, daß eine mechanische Endlage des Kolbens oder
des Schlittens angefahren werden darf, erweist sich somit die darge-

stellte Vorgehensweise zur dynamischen Analyse als überaus effizient und zuverlässig.

5.2.2 Ermittlung der strömungskraftbehafteten Ventilmodells

In vielen Einsatzfällen ist der Betrieb einer Vorschubachse am mechanischen Endanschlag außerhalb softwaremäßig definierter Endlagen unzulässig und eine mechanische Fixierung des Arbeitskolbens oder Vorschubschlittens nicht vorgesehen. Die infolge Ventilaussteuerung und frei beweglichem Arbeitskolben sich einstellenden Ölströme bewirken folglich Strömungskräfte. Der Modellansatz zur parametrischen Identifikation des Ventilschiebers wird deshalb (aufbauend auf Bild 2.9 und entsprechend Gl. (2.25f)) zu einem linearen Mehrgrößensystem vom Typ MISO (Mulptiple-Input - Single-Output) erweitert (Bild 5.11).

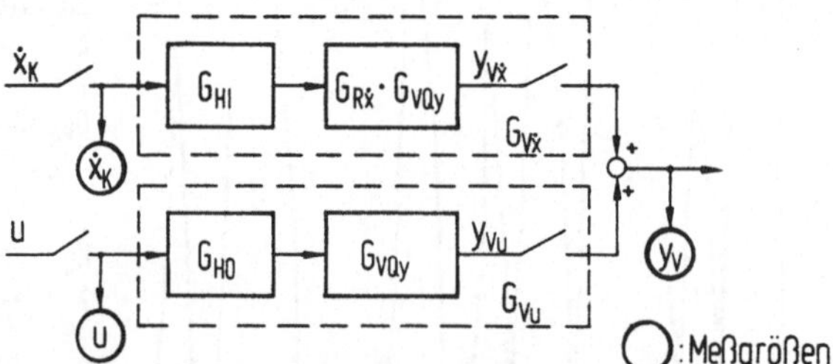

Bild 5.11: Struktur des zeitdiskreten Ventilmodells mit Strömungskraftrückwirkung

Dessen Parameter sind arbeitspunktabhängig, gegeben durch die Arbeitspunktkoordinate $y_{V,0}$. Die meßbare Ventilschieberbewegung entsteht durch Überlagerung der von Anregungssignal u und Kolbengeschwindigkeit $\dot{x}_K$ verursachten Anteile.
Zur besseren Nachbildung der auch zwischen den Abtastzeitpunkten veränderlichen rückwirkenden Kolbengeschwindigkeit wird ein interpolierendes Halteglied vom Typ "HI" (s. Abschnitt 4.4.2) angesetzt.

Die z-Übertragungsfunktionen beider zeitdiskreter Teilmodelle besitzen infolge des proportional differenzierenden ("PD")-Ansatzes für $G_{R\dot{x}}$ (Gl. (2.23) identische Nennerpolynome:

$$G_{Vu}(z) = \frac{b_{1VQ}z^{-1} + \dots + b_{nVQ}z^{-n}}{1 + a_{1VQ}z^{-1} + \dots + a_{nVQ}z^{-n}} = \frac{B_{VQ}(z^{-1})}{A_{VQ}(z^{-1})} \qquad (5.32)$$

$$G_{V\dot{x}}(z) = \frac{c_{0R\dot{x}} + c_{1R\dot{x}}z^{-1} + \dots + c_{nR\dot{x}}z^{-n}}{1 + a_{1VQ}z^{-1} + \dots + a_{nVQ}z^{-n}} = \frac{C_{R\dot{x}}(z^{-1})}{A_{VQ}(z^{-1})} \qquad (5.33)$$

Analog dem Gleichungsfehleransatz für Eingrößensysteme Gl. (A1.5) ergibt sich mit den Meßgrößen u, $\dot{x}_K$, y_V für das vorliegende Schätzproblem:

$$E'(z) = A_{VQ}(z^{-1})Y_V(z) - B_{VQ}(z^{-1})Y_V(z) - C_{R\dot{x}}(z^{-1})\dot{X}_K(z) \qquad (5.34)$$

Bei einer LS- oder IV-Schätzung besitzt der Schätz-Parametervektor $\underline{\hat{\theta}}$ der Länge $(3n-1)$ somit die Elemente:

$$\underline{\theta}^T = \left[a_{1VQ}\cdots a_{nVQ};\ b_{1VQ}\cdots b_{nVQ};\ c_{0R\dot{x}}\cdots c_{nR\dot{x}} \right] \qquad (5.35)$$

und der Meßvektor $\underline{\psi}^T(k)$ den Aufbau:

$$\underline{\psi}^T(k) = \left[-y_V(k-1)\dots-y_V(k-n;\ u(k-1)\dots u(k-n);\ \dot{x}_K(k)\dots\dot{x}_K(k-n) \right] \ (5.36)$$

Die Verfahren zur Parameterschätzung von Eingrößensystemen sind nunmehr in gleicher Weise für das vorliegende Mehrgrößensystem nach Erweiterung von Meß- und Parametervektor anwendbar.

Zur eindeutigen Festlegung definierter Arbeitspunkte erfolgt die Prozeßanregung wie in Bild 5.1 dargestellt durch Überlagerung eines Gleichanteils u_0 mit einem PRBS-Signal kleiner Amplitude. Da keine Abhängigkeit der Ventildynamik von Positionen des Arbeitskolbens vorliegt, ist dagegen der bei Anregung durchfahrene Hubbereich beliebig wählbar.

Theoretisch erwartete Eigenschaften und aufgezeigte Lösungswege zur Parameterschätzung werden durch die in Bild 5.12 dargestellten Signalverläufe der Meßgröße y_V sowie der mit unterschiedlichem Modellansatz nach Parameterschätzung rekonstruierten Modellausgangsgrößen bestätigt. Während SISO-Ansätze (Single-Input - Single-Output) unterschiedlicher Ordnung nicht befriedigen, liefert der MISO-Schätzansatz 2. Ordnung ein Modell hoher Schätzgüte.

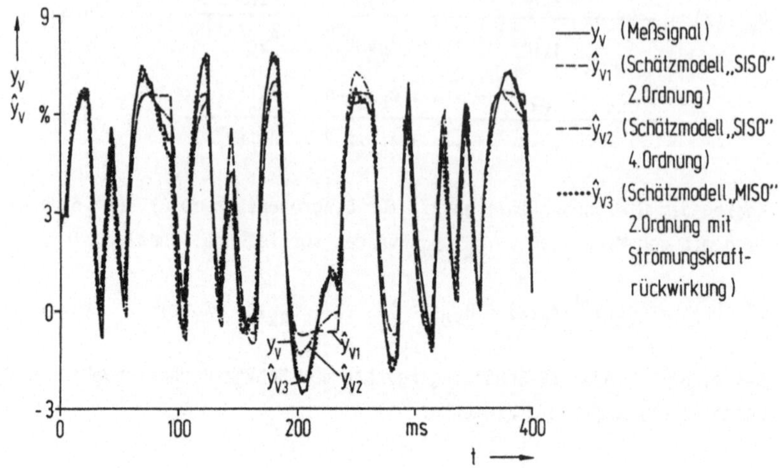

Bild 5.12: Ventilschieberwegsignal und rekonstruierte Signalverläufe des Schätzmodells bei verschiedenen Modellansätzen

Aus den Nennerkoeffizienten der z-Übertragungsfunktion 2. Ordnung werden die arbeitspunktabhängige Eigenfrequenz $f_{0,VQy}$ und Dämpfung D_{VQy} des intern rückwirkungsbehafteten Ventilmodells G_{VQy} berechnet. Beide dynamischen Kennwerte variieren stark mit dem durch $y_{V,0}$ (und damit auch $\dot{x}_{K,0} = f(y_{V,0})$) definierten Arbeitspunkt (Bild 5.13).
Ventilinterne dynamische Rückkopplungen der Ölströmung bewirken eine nicht vernachlässigbare Anhebung der Eigenfrequenz und zugleich Entdämpfung gegenüber dem rückwirkungsfreien Zustand. Die angegebene Vorgehensweise auf Basis des modifizierten Schätzansatzes ermöglicht erstmalig die quantitative Erfassung derartiger Parameteränderungen. Das strömungskraftfreie Ventilschiebermodell kann zwar nicht explizit aus den Kenngrößen nach Bild 5.13 ermittelt werden, jedoch ist eine Abschätzung möglich mit:

$$f_{0,V} \leq \text{Min.}[f_{0,VQy}(y_{V,0})] \tag{5.37}$$

$$D_V \geq \text{Max.}[D_{VQy}(y_{V,0})] \tag{5.38}$$

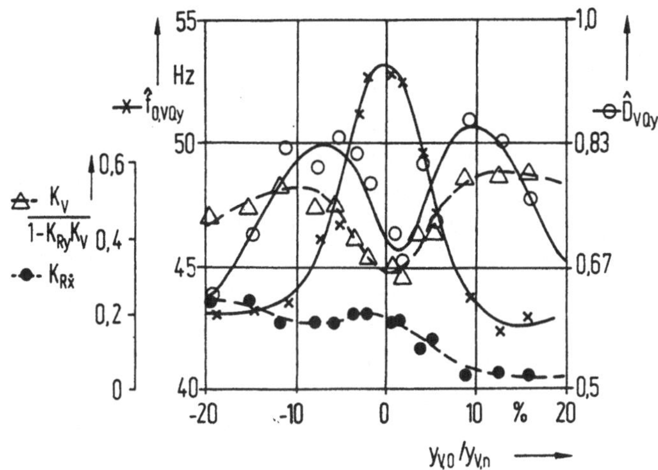

Bild 5.13: Dynamische Kenngrößen der MISO-Schätzmodelle von öldurch-
strömtem Ventil in Arbeitspunkten
(Schätzung mit RLS, jeweils 700 Meßwertepaare)

Für die Synthese eines Ventilreglers wird je nach Reglerstruktur z.B.
ein Nominalmodell mit mittleren Kennwerten oder ein worst-case-Modell
mit minimaler Eigenfrequenz und Dämpfung gewählt.
In der praktischen Umsetzung der hier aufgezeigten Methode dürfte die
Ermittlung von Minimal- und Maximalwerten der dynamischen Kenngrößen in
den meisten Fällen genügen.
Gemäß der in Bild 5.13 dargestellten Charakteristik werden diese Grenzwerte bei Ventilschiebern mit scharfen Steuerkanten im Umsteuerbereich
($y_{V,0} \approx 0$) bzw. bei großen Auslenkungen erwartet.

5.3 Zusammenfassung zur Identifikation des dynamischen Antriebsmodells

Die Parametervarianz der dynamischen Prozeßmodelle von servohydraulischen Vorschubantrieben bedingt bei der Identifikation an die Definition der Arbeitspunkte angepaßte Vorgehensweisen. Derartige Strategien sind auf linearisierbare Prozesse ähnlicher Arbeitspunktdefinition übertragbar (z.B. Identifikation von Antrieben in Gelenkarm-Robotern, deren Dynamik durch die Orientierung nachgeschalteter Gelenke bestimmt ist). Prozeßspezifische a-priori-Kenntnisse zu charakterischen Arbeitspunktabhängigkeiten - z.B. in Form physikalischer Linearisierungsansätze - unterstützen die Analyse. Im vorliegenden Fall können damit einerseits wichtige physikalische Kenngrößen explizit angegeben werden. Andereseits reduziert sich der Analyseaufwand auf die Auswertung an nur wenigen Arbeitspunkten und anschließende physikalische Extrapolation auf den gesamten Arbeitsraum.

Durch Modifikation der Modellstruktur für den Ventilschieber und entsprechende Modifikation des Schätzansatzes wird dessen Identifikation auch unter dem Einfluß über Strömungskräfte rückwirkender Kolbenbewegungen ermöglicht. Die erarbeiteten Strategien und Verfahren zur statischen und dynamischen Analyse können nun in ein rechnergestützt automatisiertes Ablaufschema als Teil einer automatischen Antriebsinbetriebnahme eingebunden werden.

6 Rechnergestützte Identifikation als Teil einer automatischen Antriebsinbetriebnahme

Elektrohydraulische - und auch elektromechanische sowie elektropneumatische - Antriebe besitzen typische statische und dynamische Eigenschaften. Die einzusetzenden Reglerstrukturen rekrutieren sich deshalb - von einzelnen Ausnahmen abgesehen - aus einer begrenzten Anzahl geeigneter Varianten für die jeweilige Antriebsklasse. Kriterien für die eigentliche Reglerauswahl und -parametrierung sind

* die aufgabenspezifischen Anforderungen,
* die Leistungsfähigkeit der einzusetzenden Reglerhardware,
* die im Umfeld der Einsatzbedingungen sowie infolge der konstruktiven Auslegung resultierenden statisch/dynamischen Eigenschaften.

Durch Algorithmierung von Expertenwissen zu Vorgehensweise und Entscheidungslogik können Reglerauswahl und Regleroptimierung automatisiert werden. Wesentliche Voraussetzung für die Automatisierung, da Grundlage für jede systematisch durchzuführende Reglersynthese, ist dazu die Verfügbarkeit eines möglichst vollständigen parametrischen Streckenmodells bzw. charakteristischer Kenngrößen. In den vorherigen Kapiteln wurden Identifikationsstrategien und -verfahren erarbeitet, welche für die Umsetzung auf Basis von Prozeßrechnern geeignet sind und die mit dem betriebsfertigen Antriebsaufbau verbundenen Randbedingungen berücksichtigen. Im folgenden soll nun die Zusammenfassung der Teilanalysen unter einer automatisch ablauffähigen Analysesteuerung dargestellt werden. Ein Konzept zur Einreihung des resultierenden Analysesystems innerhalb eines Gesamtsystems zur automatischen Antriebsinbetriebnahme sowie Varianten möglicher Rechnerkonfigurationen für dessen industrielle Umsetzung werden abschließend aufgezeigt.

6.1 Ausgeführtes Analysesystem

Das relativ komplexe, nichtlineare Verhalten elektrohydraulischer Antriebe bedingt die Aufgliederung der Analyse in logisch aufeinanderfolgende Teilschritte, deren Ergebnisse dann jeweils als Vorkenntnis für nachfolgende Schritte verfügbar sind. Durch geeignete Wahl und Parametrierung von Testsignalen sind dabei prozeßspezifische Eigenschaften separierbar, so daß unter Einbeziehung bekannter physikalischer Gesetzmäßigkeiten auch im Meßsignal gekoppelt wirksame Kenngrößen quantitativ abgeschätzt werden können. Dazu wurde das in <u>Bild 6.1</u> dargestellte Analysesystem auf Basis des in Bild 2.12 spezifizierten Mikrorechners realisiert.

Zwei Programmebenen für zeitkritisch mit jedem Abtastzyklus zu durchlaufende Operationen (Vordergrundebene) und für zeitunkritisch ablaufende Bedien-, Auswertungs- und Visualisierungsfunktionen (Hintergrungebene) kommunizieren über eine gemeinsame Datenbasis. Über das Setzen von Steuerflags werden Teilfunktionen der zeitkritischen Ebene ausgelöst oder auch abgebrochen (selbsttätig bei Überschreitung von Systemgrenzen oder bei planmäßigem Ende der Meßwerterfassung) sowie Analysefunktionen und Meßwerterfassung von Hinter- und Vordergrundebene zeitlich synchronisiert.

Die in Bild 6.1 aufgeführten Analysefunktionen sowie zugehörige Testsignale sind inhaltlich mit den vorherigen Kapiteln bereits beschrieben worden, so daß an dieser Stelle auf eine weitere Erläuterung verzichtet wird.

6.1.1 Initialisierung des Analysesystems

Neben den Maschinenparametern (Schnittstellenkonfiguration, Wandler- und Meßsystemauflösung, Software-Endlagen) sind im allgemeinen die Werte von Betriebsdruck und Kolbenflächen bekannt und können innerhalb der Antriebsinitialisierung als a-priori-Information vorgegeben werden. Das gezielte Anfahren definierter Kolbenpositionen (als Startpositionen) übernimmt ein Lageregler, dessen Verstärkung suboptimal schwach eingestellt werden kann.

Die Einstellung der Abtastzeit T orientiert sich einerseits an der verfügbaren Rechenleistung des eingesetzten Mikrorechners, andererseits an einer Grobschätzung der erwarteten Ventildynamik (aus Datenblättern des Herstellers). Sie kann im Verlauf der Analyse verändert werden.

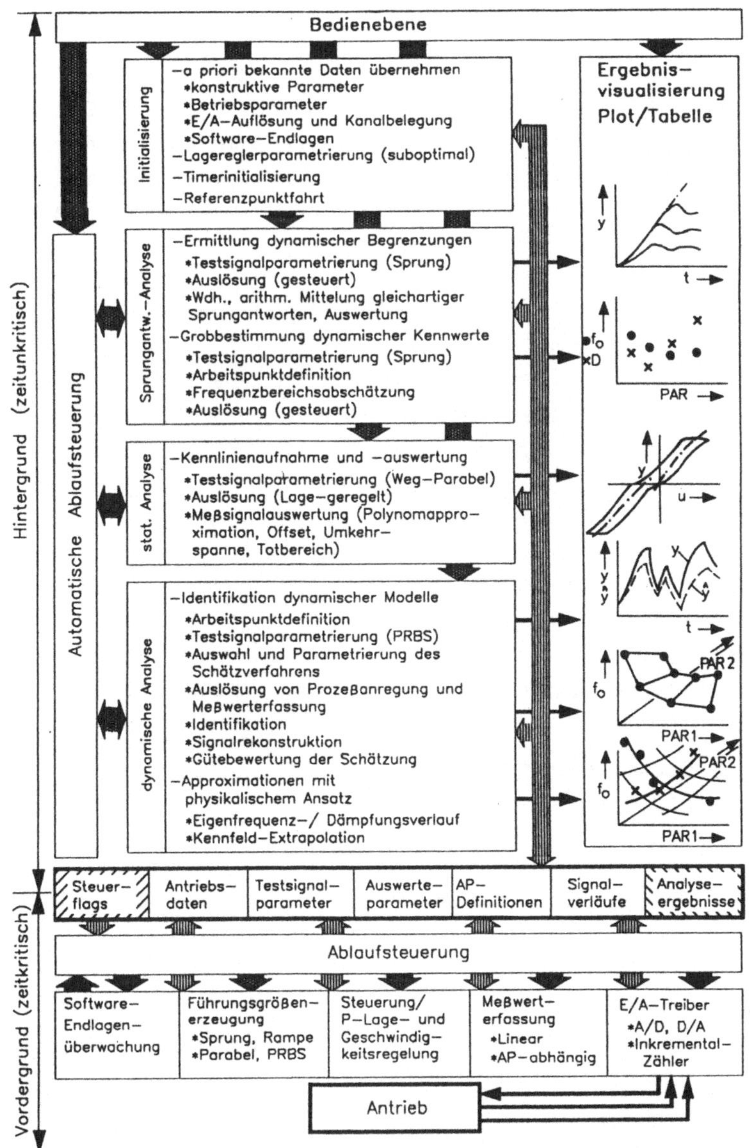

Bild 6.1: Analysefunktionen zur rechnergestützt-automatisierten
Antriebsanalyse
(AP: Arbeitspunkt; E/A: Ein-/Ausgabe)

6.1.2 <u>Automatische Ablaufsteuerung</u>

Diese beinhaltet die eigentliche Analysestrategie zur Auswahl und Parametrierung geeigneter Testsignale und Auslösung der Teilanalysen (<u>Tabelle 6.1</u>). Soweit in deren Vorfeld auf Basis von a-priori-Wissen oder vorheriger Analyseergebnisse nicht bereits optimale Testsignaleinstellungen vorgegeben werden können, wird ein iteratives Vorgehen realisiert.

Die Schätzqualität der Parameterschätzungen wird durch die Gütebewertung mit $F_{dyn,B}$ überwacht. Bei Überschreitung eines zulässigen Bereiches wird der jeweilige Analyseschritt wiederholt. Ist keine Verbesserung erreichbar, erfolgt nach einer weiteren Wiederholung eine mit $1/F_{dyn,B}$ bewertete Mittelung der Einzelergebnisse.

Die in Tabelle 6.1 dargestellte Strategie ist in diesem Gesamtumfang nur im Rahmen der Antriebsinbetriebnahme erforderlich. Aufgrund der dann vorliegenden Ergebnisse können in der Folge Teilanalysen auch einzeln (z.B. zur Überwachung, Diagnose, ... etc.) ausgelöst werden. Bis auf die systemspezifischen physikalischen Approximationen von statischen Kennlinien und variablem dynamischem Modell sind die hier angegebenen Strategien auch auf die meisten anderen Antriebsklassen übertragbar.

Teilanalyse	erforderliche Vorgaben für Testsignal, Analysestrategie	Analyseergebnis nach Approximation bzw. Parameterschätzung	
① dynamische Begrenzungen Linearitätsbereich (s. Abschnitt 3.1)	3x: * $\Delta u = \pm 10\% u_n$ * $x_{K,Start} = x_{E1}$ geregelt anfahren * Sprungsignalaufschaltung mit Δu (gesteuert) * Mittelung der Sprungantworten + * Auswertung; Ende, wenn keine Steigerung von $\dot{y}_{V,max}$ * Erhöhung von Δu um $\pm 10\% u_n$	$\dot{y}_{V,max}$; $\dot{y}_{V,min}$ $\ddot{x}_{K,max}$; $\ddot{x}_{K,min}$ Δu_{max} (für Übergänge unterhalb von Begrenzungen)	
② statische Kennlinien (s. Abschnitt 3.2, 3.3)	* Strecke P-lagegeregelt * Start mit $a_F = 0{,}01\,\lvert\ddot{x}_{K,min}\rvert$ * Abtastzeit[1] $T' = m \cdot T$ mit $$m \geq \frac{5\sqrt{(x_{E2}-x_{E1})/a_F}}{NT}; \quad m=1,2\ldots$$ * Sollweggenerierung und Meßwerterfassung * Polynomapproximation → $P_{\dot{x}u},\ P_{\dot{x}y}$ * Korrektur[2] von a_F mit $a_{Fneu} = (P_{u\dot{x}}(0{,}5u_n))^2 / (x_{E2}-x_{E1})$ bzw. $a_{Fneu} = (P_{y\dot{x}}(0{,}5y_{V,n}))^2 / (x_{E2}-x_{E1})$ * Modellapproximation	**Polynom-Approximation:** $P_{u\dot{x}}$; P_{uy}; $P_{y\dot{x}}$ $P_{\dot{x}u}$; P_{yu}; $P_{\dot{x}y}$, $\approx \hat{K}_y(y_{V,0})$ $\hat{\varepsilon}_{Tu\dot{x}}$; $\hat{\varepsilon}_{Tuy}$; $\hat{\varepsilon}_{Ty\dot{x}}$ $\hat{\varepsilon}_{Uu\dot{x}}$; $\hat{\varepsilon}_{Uuy}$; $\hat{\varepsilon}_{Uy\dot{x}}$ u_{offset}; $y_{V,offset}$	**physikalische Approximation:** $\hat{K}_V$; $\hat{F}_{RC}$; $\hat{d}_N$ $(\hat{y}^*_0 - \hat{y}^{**}_0)$

Fußnote [1]: Bei begrenzter Länge N der Meßvektoren wird durch Vervielfachung der eingestellten Abtastzeit mit m gewährleistet, daß mindestens 5/4 Vollzyklen abgespeichert werden.

Fußnote [2]: Unter Ausnutzung des zulässigen Verfahrbereiches sollen die statischen Kennlinien bei minimalem a_F etwa den halben Aussteuerbeich von u bzw. y_V überstreichen.

Tabelle 6.1a: Ablaufstrategie zur automatischen Analyse servohydraulischer Antriebe

Fortsetzung Tabelle 6.1

③ **dynamische** **Haltevorgänge** an n = 6...8 Kolbenbezugs- lagen $x_{K,i}$ (gleich ver- teilt zwischen x_{E1} und x_{E2}, (s. Abschnitt 5.1.2)	* Sprungsignalamplitude Δu mit $P_{\dot{x}u}$ so wählen, daß $\dot{x}_{K,0}$ = 50 Inkr/T * $x_{K,start}$ = x_{E1} geregelt anfahren * Anregung mit Δu bis Erreichen von i-ter Bezugs- lage $x_{K,i}$ (gesteuert) * Stellsignal abschalten, Meßwerterfassung * Eigenfrequenz und Dämpfung aus $\dot{x}_K(kT)$ ermitteln	vorläufige physikalische Approximation	$\approx \hat{\omega}_{0,K}(x_{K,0};y^*_{V,0}=0)$ $\approx \hat{D}_K \ (x_{K,0};y^*_{V,0}=0)$
④ **Parameter-** **schätzung des** **Zylinder-** **modells** a) an n=6...8 Kolbenbezugs- lagen (gleichver- teilt zwi- schen x_{E1} und x_{E2} (s. Abschnitt 5.1.3)	* PRBS-Signal auf Basis vor- läufiger Eigenfrequenzwerte festlegen (mit Gl. 4.17f) * u_{PRBS} mit $P_{\dot{x}u}$ und P_{yu} so festlegen, daß Schwankungs- amplitude von $\dot{x}_K \geq 50$ Inkr./T und von $y_V \geq 50$ A/D-Stufen $u_0 = 1,5 \ u_{PRBS}$ * $x_{K,start}$ = x_{E1} bzw. x_{E2} geregelt anfahren * Meßwerterfassung wie Abschnitt 5.1.1 Je AP 200 Meßwertepaare * Parameterschätzung in AP, Gütebewertung * max. 2-malige Wiederholung bei $F_{dyn,B}(x_{K,0,i}) > 0,5$ * Modellapproximation	physikalische Approximation	$\hat{G}_K(z)$ bzw. $\left. \begin{array}{c} \hat{\omega}_{0,K} \\ \hat{D}_K \end{array} \right\rvert (x_{K,0,i};y^*_{V,0})$ $\hat{\omega}_{0,K}(x_{K,0};y^*_{V,0})$ $\hat{D}_K(x_{K,0};y^*_{V,0})$ $\hat{V}_{T1}; \ \hat{V}_{T2}$

Tabelle 6.1b: Ablaufstrategie zur automatischen Analyse servohydraulischer Antriebe

Fortsetzung Tabelle 6.1

b)für m=10... 14 Ventilansteuerungen $y_{V,0}=\pm1,\pm3,\pm5,\pm7,\pm10,\pm15,\pm20\ \%y_{V,n}$	* $x^{*}_{K,0}$ bei $\omega_{0,K,min}$ wählen * $u_{PRBS}, n_{PRBS}, \lambda_{PRBS}$ wie bei ④a * Spannungsgleichwerte: $u_{0,i} = P_{yu}(y_{V,0,i})$ * $x_{K,start}=x_{E1}$ bzw. x_{E2} geregelt anfahren * Meßwerterf. mit 200 Meßwertepaaren für AP in $x^{*}_{K,0}$ * Parameterschätzung, Gütebewertung * max. 2-malige Wiederholung bei $F_{dyn,B}(y_{V,0,i}) > 0{,}5$	$\hat{G}_K(z)$ bzw. $\hat{\omega}_{0,K}$ $\hat{D}_K$ $\big\vert (x^{*}_{K,0}, y_{V,0,i})$
		Polynom – Approximation: $\hat{\omega}_{0,K}(x^{*}_{K,0}, y_{V,0})$ $\hat{D}_K(x^{*}_{K,0}, y_{V,0})$
c)Arbeitsraumextrapolation (s. Abschnitt 5.1.5)	—	$\hat{\omega}_{0,K}(x_{K,0}, y_{V,0})$ $\hat{D}_K(x_{K,0}, y_{V,0})$
⑤ Parameterschätzung des Ventilmodells a)mechanisch fixierter Kolben (Endanschlag) (s.Abschnitt 5.2.1)	* $x_{K,start}=0$ bzw. $x_{K,start}=h$ geregelt anfahren * u_{PRBS} und u_0 wie bei ④a * n_{PRBS}, λ_{PRBS} mit Gl. (4.17f) mit Katalogdaten zu $f_{0,V}$ * Anregung mit PRBS 200 Meßwertpaare * Parameterschätzung, Gütebewertung * max. 2-malige Wiederholung bei $F_{dyn,B} > 0{,}5$	$\hat{G}_V(z)$ $\hat{\omega}_{0,V}; \hat{D}_V; \hat{K}$
b)nicht fixierter Kolben mit m=10... 14 Ventilaussteuerungen (s. Abschnitt 5.2.2)	* Vorgehensweise wie bei ④b jedoch mit Anregung nach ⑤a u. Erfassung u. Auswertung von 500 Meßwertepaaren * Arbeitsraumextrapolation	$\hat{G}_{VQy}(z)$ bzw. $\hat{\omega}_{0,VQy}$ $\hat{D}_{VQy}$ $\big\vert y_{V,0,i}$ Polynom-Approximat.: $\hat{\omega}_{0,V}(y_{V,0})$ $\hat{D}_V(y_{V,0})$

6.2 Varianten von Rechnerkonfigurationen für die industrielle Realisierung

Die Verfügbarkeitsanforderungen an Inbetriebnahmefunktionen (Antriebsidentifikation und Reglersynthese) sind unterschiedlich:

* sie sollen jederzeit verfügbar sein im Rahmen einer ständig aktiven Antriebsüberwachung und selbsttätig auslösenden Diagnosefunktionen satzbedigungen,
* sie werden nur bei der Erstinbetriebnahme und im Servicefall benötigt.

Dementsprechend ergeben sich verschiedene Varianten bei der hard- und softwaremäßigen Umsetzung. Ständige Verfügbarkeit der Inbetriebnahmefunktionen gewährleistet allein die Implementierung sämtlicher benötigter Softwarebausteine auf Steuerungs- oder Regelrechnern, die der Maschine oder den jeweiligen Antrieben unmittelbar zugeordnet sind (Bild 6.2a).

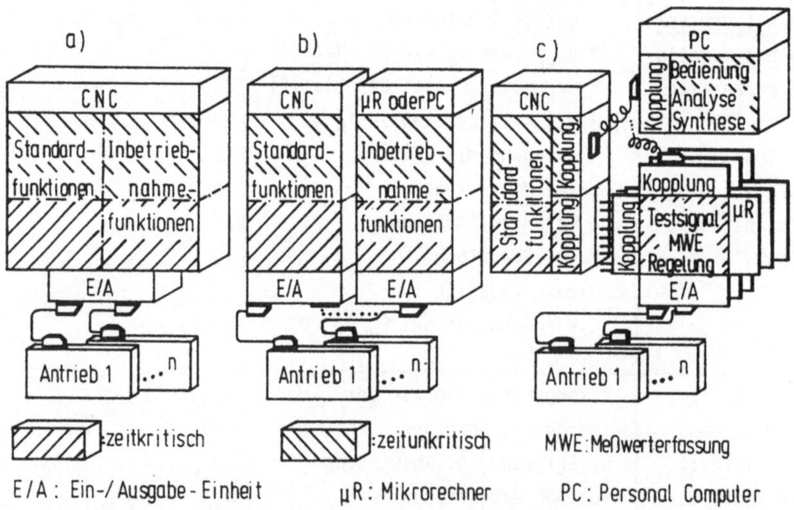

Bild 6.2: Varianten von Rechnerkonfigurationen für die automatische Antriebsinbetriebnahme

Bei nicht ständigem Verfügbarkeitsbedarf ist die Auslagerung von Funktionen auf eine separate Rechnerhardware sinnvoll. Bei vollständiger Auslagerung (<u>Bild 6.2b</u>) benötigt der Inbetriebnahmerechner jedoch eigene Funktionselemente zur Prozeßankopplung (Signalumsetzer). Dieser Nachteil wird vermieden, wenn Teile der Inbetriebnahmesoftware - im wesentlichen die zeitkritisch ablaufenden der Vordergrundebene - auf dem Steuerungs- oder Regelrechner installiert sind (Bild 6.2c). Nach signaltechnischer Ankopplung des Inbetriebnahmerechners, auf dem die zeitunkritischen Bedien-, Auswertungs- und Visualisierungsprogamme installiert sind, werden diese aktiviert. Mit den Personal-Computern der heutigen Generation stehen für diese Aufgabe leistungsfähige und zugleich kostengünstige Geräte zur Verfügung.

Ein Gesamtkonzept zur automatisierten Antriebsinbetriebnahme auf Basis der letztgenannten Rechnerkonfiguration verdeutlicht <u>Bild 6.3</u>. Neben den Standardfunktionen der CNC sind hier Inbetriebnahmefunktionen (insbesondere Testsignalgenerierung und Meßwerterfassungsfunktionen) vorbereitet. Der Inbetriebnahmeablauf wird nach Ankopplung des Inbetriebnahmerechners wechselweise über Zustände der CNC-seitigen bzw. PC-seitigen Datenbasis gesteuert. Beide Datenbasen werden - teilweise - mit Hilfe von Kopplungsbausteinen ständig aufeinander abgebildet. Das in Bild 6.1 dargestellte Teilsystem zur automatisierten Antriebsanalyse gliedert sich vollständig in das Gesamtkonzept ein. Es liefert als Ergebnis das für die Reglersynthese zugrunde zu legende Antriebsmodell.

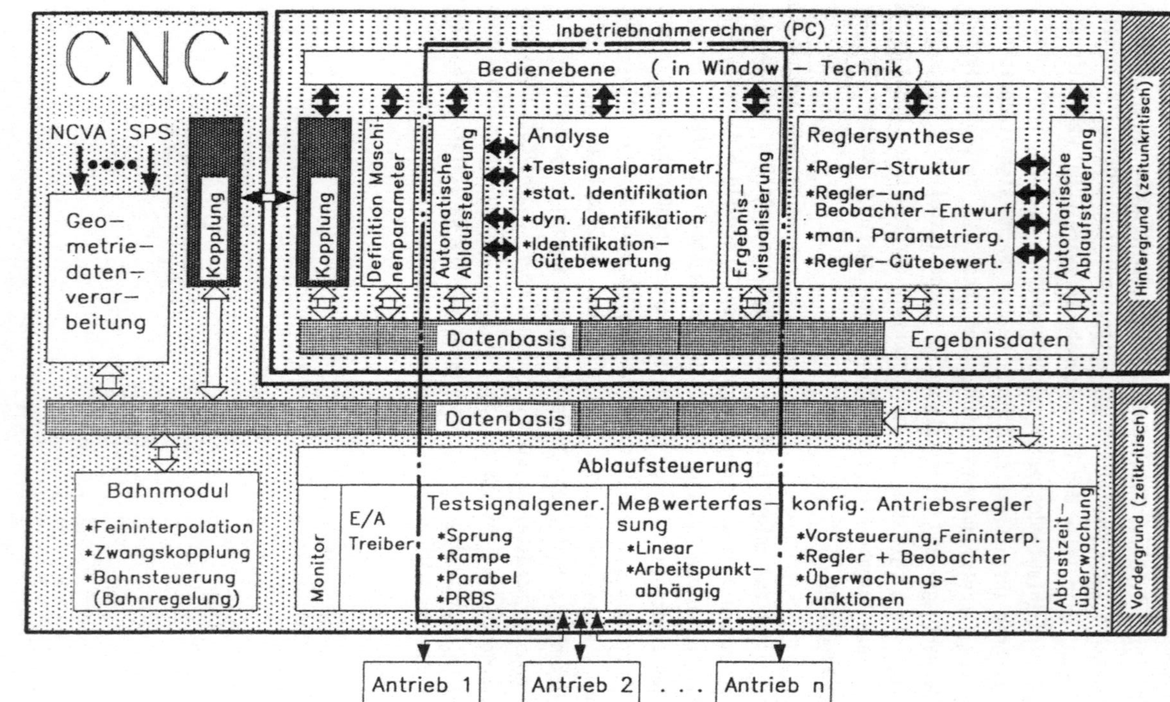

<u>Bild 6.3</u>: Rechnerkonfiguration und Softwarestruktur zur rechnergestützt- automatisierten Antriebsinbetriebnahme
(NC VA: NC-Satz Vorbereitung und Abarbeitung SPS : Speicherprogrammierbare Steuerung)

7   Zusammenfassung

Die rechnergestützte Identifikation ist Vorbedingung für eine automatisch ablaufende Reglereinstellung von Antrieben. Sie stellt damit einen wesentlichen Bestandteil für die Automatisierung der Antriebsinbetriebnahme dar. Zielsetzung dieser Arbeit war die Untersuchung von Verfahren und die Entwicklung von Strategien für eine umfassende Identifikation servohydraulischer Vorschubantriebe. Dabei sollten ausschließlich betriebsnatürliche Meßsignale ausgewertet werden.

Die theoretische Modellierung zeigt eine Vielzahl gleichzeitig wirksamer nichtlinearer physikalischer Effekte auf. Diese verursachen jedoch in statischem und dynamischem Verhalten charakteristische Merkmale. Zu ihrer gegenseitigen Separation wurden quasistatische, dynamische und grenzdynamische Analyseverfahren eingesetzt. Die verfälschende Wirkung in realen Prozeßsignalen stets vorhandener Störanteile wurden bei allen Auswertungen durch Anwendung statistischer Methoden minimiert.

Die zweistufige Auswertung statischer Kennlinien durch Approximation sowohl mit Polynomen als auch mit physikalisch begründeten nichtlinearen Kennliniengleichungen des statischen Modells lieferten Schätzwerte von stetigen und unstetigen nichtlinearen Kennliniencharakteristika sowie von signifikanten physikalischen und geometrischen Parametern. Diese sind Grundlage regelungstechnischer Entkopplungsalgorithmen und im Rahmen von Überwachungs- und Diagnoseaufgaben für die Erkennung von Verschleiß und betriebsuntypischen Veränderungen.

Zur Ermittlung dynamischer Prozeßmodelle wurden Parameterschätzverfahren eingesetzt. Für die automatisierte Anwendung ohne manuelle Eingriffsmöglichkeit wurden geeignet erscheinende Verfahren hinsichtlich numerischem Aufwand, Leistungsfähigkeit und Robustheit gegen suboptimale Vorgabe freier Einstellparameter und unter dem Einfluß von Signalstörungen untersucht. Weiterhin wurden Anwendungsrichtlinien erarbeitet und quantitative Bewertungskriterien zur Beurteilung der Qualität identifizierter Modelle entwickelt.

A priori qualitativ bekannte charakteristische nichtlineare Eigenschaften im dynamischen Verhalten der Antriebskomponenten führten zu in Arbeitspunkten linearisierten Modellen. Die entwickelte und durch Prozeßrechnereinsatz automatisch ablauffähige Identifikationsstrategie wurde dieser Vorstellung angepaßt. Damit konnten - im Gegensatz zur konventionellen Vorgehensweise - dynamische Modelle an beliebigen Punkten des Arbeitsraumes bestimmt werden. Der Abgleich in Arbeitspunkten bestimmter dynamischer Kenngrößen mit aus der Theorie vorliegenden Linearisierungsvorschriften ermöglichte die nachträgliche Korrektur fehlerbehafteter Einzelschätzungen. Durch Kombination beider Auswertungen konnten für die Teilsysteme Bestimmungsgleichungen der Modellparameter angegeben werden. Sie erlaubten damit - aufbauend auf relativ wenige in definierten Arbeitspunkten bestimmte Modelle - die Extrapolation der Modellparameter auf den gesamten Arbeitsraum.

Im realisierten Programmsystem zur rechnergestützten Identifikation servohydraulische Vorschubantriebe wurden Funktionsbausteine für Einzelanalysen durch eine übergeordnete Ablaufsteuerung verknüpft. Abschließend wurde die Eingliederung dieses Identifikationssystems in ein Gesamtkonzept zur automatischen Inbetriebnahme von Antrieben aufgezeigt.

Die Ergebnisse der vorliegenden Arbeit belegen, daß auch relativ komplexe Analyseaufgaben an nichtlinearen Antriebssystemen mit beschränkter sensorischer Ausstattung automatisiert werden können. Um ein optimales Ergebnis zu erzielen, sind strategisch durchzuführende Standardanalysen des statischen und dynamischen Verhaltens mit aus der Theorie erwarteten charakteristischen Eigenschaften der jeweiligen Antriebsklasse zu vereinigen. Derartige Antriebsanalysen sind danach beliebig abrufbar. Sie sind die Basis für die regelungstechnische Inbetriebnahme, unterstützen Wartungsarbeiten und sind hilfreich bei der Suche nach Fehlerursachen im Falle von Betriebsstörungen.

<u>Literatur:</u>

/1/ Roth, J.:   Regelungskonzepte für lageregelte elektrohydrau-
                      lische Antriebe.
                      Dissertation Aachen, 1983

/2/ Feuser, A.:   Ein Beitrag zur Auslegung ventilgesteuerter
                      hydraulischer Vorschubantriebe im Lageregelkreis.
                      Dissertation Erlangen, 1983

/3/ Egner, M.:   Hochdynamische Lageregelung mit elektrohydrau-
                      lischen Antrieben.
                      Berlin, Heidelberg, New York: Springer 1988

/4/ Pritschow, G.,   Elektrohydraulischer Gelenkantrieb für Industrie-
    Keuper, G.:   roboter.
                      o+p ölhydraulik und pneumatik 30 (1986) Nr. 5,
                      S. 359 ... 366

/5/ Backe´ , W.:   Servohydraulik.
                      Vorlesungsmanuskript RWTH Aachen 1986

/6/ Feigel, H.J.:   Nichtlineare Effekte am servoventilgesteuerten
                      Differentialzylinder.
                      o+p ölhydraulik und pneumatik 31 (1987)
                      Nr. 1, S. 42 ... 48, Nr. 2, S. 138 ... 148

/7/ Egner, M.;   Digitale, nichtlineare Regelungen und Identifi-
    Keuper, G.:   kationsverfahren für elektrohydraulische Vor-
                      schubantriebe.
                      o+p ölhydraulik und pneumatik 29 (1985) Nr. 9,
                      S. 669 ... 677

/8/ Feuser, A.:   Auslegung servohydraulischer Vorschubantriebe im
                      Lageregelkreis unter Berücksichtigung der Ser-
                      voventilverzögerungen.
                      o+p ölhydraulik und pneumatik 26 (1982) Nr. 10,
                      S. 733 ... 744

/9/ Stute, G.;
    Keuper, G.:   Antriebstechnik.
                         Teil 3: Elektrohydraulische Antriebe.
                         wt-Z. ind. Fertig. 72 (1982) Nr. 7, S. 408...412

/10/ Egner, M.:   Discrete nonlinear control of electrohydraulic
                         feed drives.
                         7th International Fluid Power Symposium,
                         Bath 1986

/11/ Keuper, G.;
     Egner, M.:   Messen in der Fluidtechnik.-Allgemeine Grundlagen
                         der Meßtechnik.
                         o+p ölhydraulik und pneumatik 31 (1987) Nr. 1,
                         S. 19 ... 24

/12/ Schaub, G.:   Vergleich von Identifikationsverfahren bei
                         komplexen Systemen der Antriebstechnik unter
                         Verwendung einer Kopplung von Mikro-, Prozeß- und
                         Großrechner.
                         Dissertation TU München 1983

/13/ Vogt, G.:   Digitale Regelung von Asynchronmotoren für nu-
                         merisch gesteuerte Fertigungseinrichtungen.
                         Berlin, Heidelberg, New York: Springer 1985

/14/ Harig, K.:   Rechnergestützte Identifikation und Reglerein-
                         stellung an Vorschubantrieben.
                         Essen: Girardet-Verlag, HGF Kurzberichte
                         (Loseblattsammlung), Blatt 82/55

/15/ Conrad, F.;
     Zhou, Wei-Wu: System identification methods used in modelling
                         of a hydraulic servo system.
                         7th International Fluid Power Symposium,
                         Bath 1986

/16/ Anders, P.:   Mikrorechner als Auslegungshilfsmittel zur Lei-
                         stungssteigerung fluidischer Antriebe.
                         Preprints zum 7. Aachener Fluidtechnischen Kol-
                         loquium 1986

/17/ Ning, Shu;
     You, Changde;
     Shi, Weixiang:

Study on identification of hydraulic systems by using pseudo-random signals.
Tagungsunterlagen zum ICFP, 1985
Zhejiang University, Hangzhou, S. 999 ...1018

/18/ Backe´ , W.;
     Opitz, H.:

Über die dynamische Stabiltät hydraulischer Steuerungen unter Berücksichtigung der Strömungskräfte.
Forschungsbericht des Landes Nordrhein-Westfalen
Köln, Opladen, Westdeutscher Verlag 1969

/19/ Arafa, H.A.;
     Rizk, M.:

Spool hydraulic stiffness and flow force effects in electrohydraulic servo-valves.
Proc Instn Mech Engrs Vol 201, No. C3 (1987),
S. 193 ... 199

/20/ Arafa, H.A.;
     Rizk, M.:

Identification and modelling of some electro-hydraulic servo-valve non-linearities.
Proc Instn Mech Engrs Vol 201, No. C2 (1987),
S. 137 ... 144

/21/ Augsten, G.;

Zweiachsige Nachformeinrichtungen.
Berlin, Heidelberg, New York: Springer 1972

/22/ Ackermann, J.:

Abtastregelung.
Band I: Analyse und Synthese.
Berlin, Heidelberg, New York, Springer 1983

/23/ Wierum, H.D.:

Parameteridentifikation mit diskreten und kontinuierlichen Prozeßmodellen.
Dissertation TU Berlin 1978

/24/ Anders, P.:

Auswirkungen der Mikroelektronik auf die Regelungskonzepte fluidtechnischer Systeme und der Einsatz von Personal Computern als Auslegungswerkzeug.
Dissertation RWTH Aachen 1986

/25/ Kopacek, P.:	Identifikation zeitvarianter Regelsysteme.
Braunschweig/Wiesbaden:
Friedr. Vieweg + Sohn 1978

/26/ Isermann, R.:	Prozeßidentifikation.
Berlin, Heidelberg, New York: Springer 1974

/27/ Unbehauen, H.;	Parameterschätzverfahren zur Systemidentifika-
Göhring, B.;	tion.
Bauer, B.:	München, Wien: R. Oldenbourg Verlag 1974

/28/ Bauer, B.:	Parameterschätzverfahren zur on-line Identifika-
tion dynamischer Systeme im offenen und ge-
schlossenen Regelkreis.
Forschungsbericht KFK-PDV 142, Karlsruhe 1978

/29/ Scheurer, H.-G.:	Ein adaptives, explizites Parameterschätzver-
fahren mit geringem Speicherplatz- und Rechenzeitbedarf.
RT 23 (1975), Nr. 12, S. 427...433

/30/ Föllinger, O.:	Regelungstechnik.
Einführung in die Methoden und ihre Anwendung.
Berlin, Frankfurt a.M., AEG-Telefunken AG 1980

/31/ Grisse, H.J.:	Zur Beurteilung der Ergebnisse von Parameter-
schätzverfahren.
RT 31 (1983) Nr. 12, S. 393...398

/32/ Bauer, B.;	Bemerkungen über ein Fehlermaß zur Beurteilung
Unbehauen, H.:	von Parameterschätzverfahren.
RT 24 (1976) Nr. 10, S. 355 ... 356

/33/ Keuper, G.:	Messen in der Fluidtechnik - Peripheriegeräte.
o+p ölhydraulik und pneumatik 31 (1987) Nr. 3,
S. 200 ... 204, Nr. 4, S. 279 ... 285

/34/ Göhring, B.:   Wahl der Anfangswerte für on-line Parameter-
                     schätzverfahren.
                     RT (23) 1975 Nr. 11, S. 374...378

/35/ Grisse, H.J.:   Über den Einfluß des anregenden Testsignals auf
                     die Ergebnisse von Parameterschätzverfahren.
                     RT 30 (1983) Nr. 11, S. 361...368

/36/ Storr, A.;   Geregelte Vorschubantriebe in numerisch gesteu-
     Harig, K.;   erten Werkzeugmaschinen.
     Fröhlich, G.;   tz für Metallbearbeitung 78 (1984) Nr. 2,
     Keuper, G.:   S. 37...40, Nr. 4, S. 38...43

/37/ Kopacek, P.:   Identifikation von Regelsystemen mit veränder-
                     lichen Parametern.
                     RT 24 (1976) Nr. 11, S. 361...370

/38/ Keuper, G.:   Identifikation elektrohydraulischer Vorschub-
                     antriebe mit einem Mikrorechner.
                     Essen: Girardet-Verlag, HGF Kurzberichte
                     (Loseblattsammlung), Blatt 87/20

/39/ Keuper, G.:   Messen in der Fluidtechnik - Geräte und Verfah-
                     ren zur digitalen Signalanalyse.
                     o+p ölhydraulik und pneumatik 31 (1987) Nr. 5,
                     S. 408...416

/40/ Hesselbach, J.:   Digitale Lageregelung an numerisch gesteuerten
                     Fertigungseinrichtungen.
                     Berlin, Heidelberg, New York: Springer 1981

/41/ Johnsen, J.-L.:   Least Squares identification is used to synthe-
                     size a feed back controller for a non-linear
                     positional servomechanism.
                     Tagungsunterlagen zum ICFP 1985, Zhejiang Uni-
                     versity Hangzhou , S. 38...67

<u>Anhang</u>

A1 <u>Schätzansätze</u>

Die Verfahren LS, (1EM, 2EM), 3EM, IV beruhen auf einem prinzipiell
ähnlichen Schätzansatz entsprechend <u>Bild A1.1</u>.

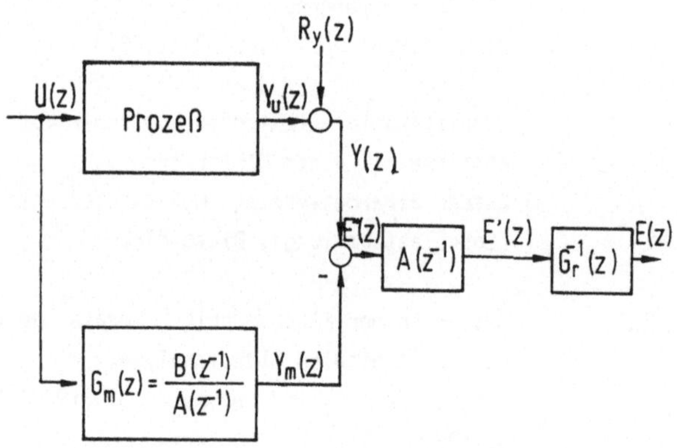

<u>Bild A1.1</u>: Strukturbild der Identifikationsansätze
u: Eingangssignal; Y_u: ungestörtes Ausgangssignal;
Y_M: Modellausgangssignal; E'' : Ausgangsfehler;
E' : Gleichungsfehler; E: weißes Rauschen

Dem durch das Störsignal $R_y(z)$ stochastisch gestörten zeitdiskreten Prozeß mit dem Einganssignal $U(z)$ und dem Ausgangssignal $Y(z)$ wird das zu bestimmende Prozeßmodell $G_M(z) = B(z^{-1})/A(z^{-1})$ formal parallel geschaltet. $A(z^{-1})$ und $B(z^{-1})$ stehen verkürzt für die Zähler- und Nennerpolynome des Schätzmodells:

$$A(z^{-1}) = 1 + a_1 z^{-1} + a_2 z^{-2} + \ldots + a_n z^{-n} \qquad (A1.1)$$

$$B(z^{-1}) = b_1 z^{-1} + b_2 z^{-2} + \ldots + b_n z^{-n} \qquad (A1.2)$$

n ist dabei die Ordnung des zeitdiskreten Modells.

Das Störsignal $R_y(z)$ ist dem durch die Anregung $U(z)$ hervorgerufenen Prozeßausgangssignal $Y_u(z)$ überlagert und verfälscht damit das gemessene Ausgangssignal $Y(z)$. $R_y(z)$ entsteht in der Praxis aus der Überlagerung analoger Störsignalanteile bei der Meßwerterfassung und -aufbereitung sowie Quantisierungsfehlern bei der A/D-Umsetzung. Der "Ausgangsfehler" $E''(z)$ als Differenz aus $Y(z)$ und Modellausgang $Y_M(z)$ enthält somit einerseits durch Modellfehler hervorgerufene Anteile, andererseits aber auch die Störung $R_y(z)$.

$$E''(z) = Y(z) - \frac{B(z^{-1})}{A(z^{-1})} \, U(z) \qquad (A1.3)$$

Gl.(A1.3) stellt eine nichtlineare Beziehung zwischen dem Fehler $E''(z)$ und den zu schätzenden Parametern $A(z^{-1})$ dar.
Durch Einführung des Gleichungsfehlers $E'(z)$ mit

$$E'(z) = A(z^{-1}) \, E''(z) \qquad (A1.4)$$

ergibt sich eine lineare Bestimmungsgleichung für die unbekannten Parameter a_i und b_i

$$E'(z) = A(z^{-1}) Y(z) - B(z^{-1}) U(z) \qquad (A1.5)$$

In der Regel muß von einem zu den Prozeßsignalen $U(z)$ und $Y_u(z)$ korrelierten Gleichungsfehler $E'(z)$ ausgegangen werden. Durch das Filter $G_r(z)$ wird dieser auf normalverteiltes weißes Rauschen (Mittelwert = 0, Streuung = 1) zurückgeführt.

$$E(z) = \frac{1}{G_r(z)} \, E'(z) \qquad\qquad (A1.6)$$

$$G_r(z) = \frac{C(z^{-1})}{D(z^{-1})} = \frac{1+c_1 \cdot z^{-1}+\ldots+c_n \cdot z^{-n}}{1+d_1 \cdot z^{-1}+\ldots+d_n \cdot z^{-n}} \qquad\qquad (A1.7)$$

Es ergibt sich schließlich die "Modellgleichung"

$$A(z^{-1}) \, Y(z) - B(z^{-1}) \, U(z) = G_r(z) \, E(z) \qquad\qquad (A1.8)$$

In /28/ wird vorgeschlagen, die Ordnung m des Störfilters $G_r(z)$ gleich der Modellordnung n anzusetzen, da sich dafür die besten Schätzergebnisse einstellen.

Je nach Wahl von $G_r(z)$ in der Modellgleichung (A1.8) unterscheidet man die verschiedenen Schätzverfahren entsprechend <u>Tabelle A1.1:</u>

Schätzverfahren	Ansatz	$G_r(z)$	Anzahl zu schätzender Parameter e
LS	AY–BU=E	1	2n
1.EM	AY–BU=E/D	1/D	3n
2.EM	AY–BU=CE	C	3n
3.EM	AY–BU=CE/D	C/D	4n
IV	AY–BU=E	1	2n

<u>Tabelle A1.1:</u> Modellansatz der Schätzverfahren LS, 1.-3.EM, IV
(n: Modellordnung)

A2 Entwicklung der Schätzgleichungen

Die allgemeinste Variante der Modellgleichung ist die der 3EM-Methode. Ausgehend von diesem Schätzansatz werden der Parametervektor $\underline{\theta}$ und der Meßvektor $\underline{\psi}(k)$ eingeführt.

$$\underline{\theta}^T = \left[a_1 \ldots a_n;\ b_1 \ldots b_n;\ c_1 \ldots c_n;\ d_1 \ldots d_n\right] \tag{A2.1}$$

$$= \left[\quad \underline{a}^T\ ;\quad \underline{b}^T\ ;\quad \underline{c}^T\ ;\quad \underline{d}^T\ \right]$$

$$\underline{\psi}^T(k) = \left[-y(k-1)..-y(k-n); u(k-1)..u(k-n); e(k-1)..e(k-n); -e'(k-1)..-e'(k-n)\right]$$

$$= \left[\ \underline{y}^T \qquad ;\ \underline{u}^T \qquad ;\ \underline{e}^T \qquad ;\ \underline{e}'^T\ \right] \tag{A2.2}$$

Nach Anwendung des Linksverschiebungssatzes der z-Transformation auf Gl. (A1.8) und mit Gl. (A2.1) und (A2.2) erhält man

$$y(k) = \underline{\psi}^T(k)\underline{\theta} + e(k) \tag{A2.3}$$

Mit N aufeinanderfolgenden Messungen von u(k), y(k), von $k = n+1$ bis $k = n+N$, ergeben sich N Gleichungen von Gl. (A2.3). Zusammengefaßt in einer vektoriellen Darstellung ist

$$\underline{y} = \underline{\Psi} \cdot \underline{\theta} + \underline{e} \tag{A2.4}$$

mit

$$\underline{y}^T = \left[y(n+1) \ldots y(n+N)\right] \tag{A2.5}$$

$$\underline{e}^T = \left[e(n+1) \ldots e(n+N)\right] \tag{A2.6}$$

$$\underline{\Psi} = \begin{bmatrix} \underline{\psi}(n+1)^T \\ \vdots \\ \underline{\psi}(n+N)^T \end{bmatrix} = \begin{bmatrix} -y(n)\ldots\ldots-y(1); u(n)\ldots\ldots u(1); e(n)\ldots\ldots e(1); -e'(n)\ldots\ -e'(1) \\ \\ -y(n+N-1)..-y(N); u(n+N-1)..u(N); e(n+N-1)..e(N); -e'(n+N-1)..-e'(N) \end{bmatrix}$$

$$\tag{A2.7}$$

Abhängig vom jeweiligen Modellansatz entsprechend Tabelle A1.1 sind die Vektoren und Matrizen $\underline{\theta}$, $\underline{\Psi}$, $\underline{e}$ unterschiedlich belegt.

Durch Multiplikation des Gleichungssystems (A2.4) von links mit der Gewichtungsmatrix $\underline{Z}$ wird eine zeitabhängige Gewichtung der Einzelmessungen eingeführt.

$$\underline{Z}\,\underline{e} = \underline{Z}\left[\underline{y} - \underline{\Psi}\,\underline{\theta}\right] \qquad (A2.8)$$

$\underline{Z}$ ist dabei eine Diagonalmatrix der Form

$$\underline{Z} = \begin{bmatrix} z(n+1) & 0 & . & . & . & 0 \\ 0 & . & & & & . \\ . & & . & & & . \\ . & & z(n+i) & & & . \\ . & & & . & & . \\ . & & & & . & 0 \\ 0 & . & . & . & .0 & z(n+N) \end{bmatrix} \qquad (A2.9)$$

Diese Form empfiehlt sich zur adaptiven Parameterschätzung zeitvarianter Prozesse. Sinnvoll ist dann z.B. eine geringere Gewichtung vergangener gegenüber jüngsten Werten.

Im Hinblick auf die Anwendung rekursiver oder pseudorekursiver Schätzalgorithmen wird vorausgesetzt, daß die Elemente der Gewichtungsmatrix gemäß Gl. (A2.10) jeweils aus den vorhergehenden gebildet werden:

$$z(n+i) = z(n+i-1)\,\frac{1}{\rho(n+i-1)} \qquad (A2.10)$$

Damit ergibt sich

$$
\underline{Z} =
\begin{bmatrix}
\prod_{j=n+1}^{n+N} \rho(j) & 0 & \cdots\cdots\cdots & 0 \\
0 & & & \vdots \\
\vdots & & \prod_{j=n+i}^{n+N} \rho(j) & \vdots \\
\vdots & & & 0 \\
0 & \cdots\cdots\cdots & 0 & \rho(n+N)
\end{bmatrix}
\qquad (A2.11)
$$

Diese Darstellung hat den Vorteil, daß auf sehr einfache Weise ein "nachlassendes Gedächtnis" alter Meßwerte realisiert werden kann, z.B. indem

$$
\rho(n+1) = \rho(n+2) = \ldots = \rho(n+N) = \rho \qquad \text{mit } 0 < \rho \leq 1 \qquad (A2.12)
$$

gewählt wird. Das ist gleichbedeutend mit

$$
z(n+i) = \rho^{N-i+1} \quad ; \qquad n+1 \leq i < n+N \qquad (A2.13)
$$

A2.1 Schätzgleichung der LS- und EM-Methoden

Die Schätzgleichung der direkten, erweiterten LS-Methoden (LS, 1EM, 2EM, 3EM) entsteht durch Minimierung der Verlustfunktion (Fehlerquadratsumme)

$$
V(\underline{\theta}) = \frac{1}{2} \sum_{k=n+1}^{n+N} (z(k)e(k))^2 = \frac{1}{2}(\underline{Z}\,\underline{e})^2 = \frac{1}{2}(\underline{Z}\,\underline{y} - \underline{Z}\,\underline{\psi}\,\underline{\theta})^2 \qquad (A1.14)
$$

Dies ist gleichbedeutend mit der Ableitung des Gleichungssystems nach $\underline{\theta}$ und zu Null setzen an der Stelle $\underline{\theta} = \underline{\hat{\theta}}$:

$$\left. \frac{dV(\theta)}{d\theta} \right|_{\underline{\theta}=\underline{\hat{\theta}}} = -\underline{\psi}^T \underline{Z}^T \underline{Z} \underline{y} + \underline{\psi}^T \underline{Z}^T \underline{Z} \underline{\psi} \, \underline{\hat{\theta}} = \underline{0} \qquad (A2.15)$$

Auflösung nach $\underline{\hat{\theta}}$ liefert die Schätzgleichung

$$\underline{\hat{\theta}} = \left[\underline{\psi}^T \underline{Z}^T \underline{Z} \underline{\psi} \right]^{-1} \cdot \underline{\psi}^T \underline{Z}^T \underline{Z} \underline{y} \qquad (A2.16)$$

A2.2 Schätzgleichung der IV-Methode

Anstelle des Störfilteransatzes bei den EM-Methoden wird bei der IV-Methode von einem Modellansatz mit $G_r(z) = 1$ ausgegangen:

$$A(z^{-1})Y(z) - B(z^{-1})U(z) = E(z) \qquad (A2.17)$$

Unter Berücksichtigung der Gewichtung erhält man entsprechend Gl.(A2.8) für N Meßwertsätze zunächst das Gleichungssystem

$$\underline{Z} \, \underline{e} = \underline{Z} \, \underline{y} - \underline{Z} \, \underline{\psi} \, \underline{\theta} \qquad (A2.18)$$

Nach Multiplikation der Gl.(A2.17) von links mit der Transponierten einer ebenfalls mit $\underline{Z}$ gewichteten (2n,N)-Hilfsvariablenmatrix $\underline{W}$ ergibt sich

$$\underline{W}^T \underline{Z}^T \underline{Z} \, \underline{e} = \underline{W}^T \underline{Z}^T \underline{Z} \, \underline{y} - \underline{W}^T \underline{Z}^T \underline{Z} \, \underline{\psi} \, \underline{0} \qquad (A2.19)$$

Die Hilfsvariablenmatrix wird so gewählt, daß sie stark mit den Nutzsignalwerten der Meßmatrix $\underline{\psi}$, damit aber nicht mit dem Störsignal r und folglich auch nicht mit dem Fehler e korreliert ist. Der Gleichungsfehlervektor wird dann zum Nullvektor, wenn Prozeßparameter $\underline{\theta}$ und Schätzmodellparameter $\underline{\hat{\theta}}$ übereinstimmen:

$$\underline{W}^T \underline{Z}^T \underline{Z} \, \underline{e} \, (\underline{\theta} = \underline{\hat{\theta}}) = \underline{0} \qquad (A2.20)$$

Aus diesem Ansatz folgt zunächst

$$\underline{W}^T \underline{Z}^T \underline{Z}\, \underline{y} - \underline{W}^T \underline{Z}^T \underline{Z}\, \underline{\psi}\, \hat{\underline{\theta}} = \underline{0} \tag{A2.21}$$

Wenn die quadratische (2n,2n)-Matrix

$$(\underline{W}^T \underline{Z}^T \underline{Z}\, \underline{\psi})^T = (\underline{\psi}^T \underline{Z}^T \underline{Z}\, \underline{W}) : \text{regulär} \tag{A2.22}$$

ergibt sich nach Muliplikation der Gl.(A2.21) von links mit $(\underline{\psi}^T \underline{Z}^T \underline{Z}\, \underline{W})^{-1}$ und Auflösen nach $\hat{\underline{\theta}}$ die Schätzgleichung der gewichteten Instrumentellen Variablen Methode

$$\hat{\underline{\theta}} = (\underline{W}^T \underline{Z}^T \underline{Z}\, \underline{\psi})^{-1}\, \underline{W}^T \underline{Z}^T \underline{Z}\, \underline{y} \tag{A2.23}$$

A2.3 Einheitliche Darstellung der Schätzgleichungen

Die Schätzgleichung der erweiterten Matrizen-Methoden und der instrumentellen Variablen-Methode besitzen ähnlichen Aufbau, obgleich sie aus unterschiedlichen Ansätzen abgeleitet wurden:

LS-Methoden: $\quad \hat{\underline{\theta}} = (\underline{\psi}^T \underline{Z}^T \underline{Z}\, \underline{\psi})^{-1}\, \underline{\psi}^T \underline{Z}^T \underline{Z}\underline{y}$ $\qquad$ (A2.24)

IV-Methoden: $\quad \hat{\underline{\theta}} = (\underline{W}^T \underline{Z}^T \underline{Z}\, \underline{\psi})^{-1}\, \underline{W}^T \underline{Z}^T \underline{Z}\underline{y}$ $\qquad$ (A2.25)

Die Schätzgleichungen gehen formal ineinander über wenn in Gl.(A2.25) $\underline{W} = \underline{\psi}$ gesetzt wird. Zu beachten ist jedoch, daß diese beiden Matrizen je nach Lösungsansatz unterschiedliche Spaltenzahl besitzen und auch mit unterschiedlichen Werten gefüllt sind. Die formal gemeinsame Beziehung (A2.25) soll jedoch Grundlage für die im folgenden kurz dargestellten numerischen Lösungsverfahren sein.

Schätz-methode	Störfilter-ansatz $G_r(z)$	Parametervektor $\hat{\underline{\theta}}(k)^T$	Meßvektor $\underline{\psi}(k)^T$	Hilfsvariablen-vektor $\underline{w}(k)$	Hilfsvariable $y_{HM}(k)$	Störsignal $e(k)$	Gleichungsfehler $\hat{e}'(k)$
LS	1	$\left[\hat{a}_1\ldots\hat{a}_n;\hat{b}_1\ldots\hat{b}_n\right]$	$\left[\begin{array}{l}-y(k-1)\ldots-y(k-n);\\ u(k-1)\ldots u(k-n)\end{array}\right]$	$=\underline{\psi}(k)$	-	$y(k)-\underline{\psi}^T(k)\hat{\underline{\theta}}(k-1)$	-
1.EM	$\dfrac{1}{D(z^{-1})}$	$\left[\begin{array}{l}\hat{a}_1\ldots\hat{a}_n;\hat{b}_1\ldots\hat{b}_n;\\ \hat{d}_1\ldots\hat{d}_n\end{array}\right]$	$\left[\begin{array}{l}-y(k-1)\ldots-y(k-n);\\ u(k-1)\ldots u(k-n);\\ -\hat{e}'(k-1)\ldots-\hat{e}'(k-n)\end{array}\right]$	$=\underline{\psi}(k)$	-		$y(k)-\underline{\psi}_{yu}^T(k)\hat{\underline{\theta}}_{ab}(k-1)$
2.EM	$C(z^{-1})$	$\left[\begin{array}{l}\hat{a}_1\ldots\hat{a}_n;\hat{b}_1\ldots\hat{b}_n;\\ \hat{c}_1\ldots\hat{c}_n\end{array}\right]$	$\left[\begin{array}{l}-y(k-1)\ldots-y(k-n);\\ u(k-1)\ldots u(k-n);\\ e(k-1)\ldots e(k-n)\end{array}\right]$	$=\underline{\psi}(k)$	-	$y(k)-\underline{\psi}^T(k)\hat{\underline{\theta}}(k-1)$	-
3.EM	$\dfrac{C(z^{-1})}{D(z^{-1})}$	$\left[\begin{array}{l}\hat{a}_1\ldots\hat{a}_n;\hat{b}_1\ldots\hat{b}_n;\\ \hat{c}_1\ldots\hat{c}_n;\hat{d}_1\ldots\hat{d}_n\end{array}\right]$	$\left[\begin{array}{l}-y(k-1)\ldots-y(k-n);\\ u(k-1)\ldots u(k-n);\\ e(k-1)\ldots e(k-n);\\ -\hat{e}'(k-1)\ldots-\hat{e}'(k-n)\end{array}\right]$	$=\underline{\psi}(k)$	-	$y(k)-\underline{\psi}^T(k)\hat{\underline{\theta}}(k-1)$	$y(k)-\underline{\psi}_{yu}^T(k)\hat{\underline{\theta}}_{ab}(k-1)$
IV	1	$\left[\hat{a}_1\ldots\hat{a}_n;\hat{b}_1\ldots\hat{b}_n\right]$	$\left[\begin{array}{l}-y(k-1)\ldots-y(k-n);\\ u(k-1)\ldots u(k-n)\end{array}\right]$	$\left[\begin{array}{l}-y_{HM}(k-1)\ldots-y_{HM}(k-n);\\ u(k-1)\ldots u(k-n)\end{array}\right]^T$	$\hat{\underline{\theta}}_{HM}(k-1)\underline{w}(k)$	$y(k)-\underline{\psi}^T(k)\hat{\underline{\theta}}(k-1)$	-

Tabelle A2.1: Bedeutung mathematischer Größen im Schätzalgorithmus bei unterschiedlichen Schätzansätzen

A3 Numerische Berechnungsverfahren zur Lösung der Schätzgleichung

Bei einer Parameterschätzung, die unmittelbar von der Schätzgleichung (A2.24 oder A2.25) ausgeht, sind entscheidende Nachteile hinsichtlich des numerischen Aufwands zu nennen:

- Es müssen sämtliche Signalwerte u(k) und y(k) abgelegt werden, bevor eine Berechnung in einem Zug erfolgen kann. Der Speicherplatzbedarf ist erheblich.

- Soll das direkte Verfahren im on-line-Betrieb eingesetzt werden, muß in jedem Schritt eine Matrizeninversion erfolgen.

Um diese Nachteile zu umgehen, sind verschiedene numerische Lösungsmethoden bekannt geworden.

A3.1 Rekursiver Schätzalgorithmus

Den wohl größten Bekanntheitsgrad besitzt der rekursive Schätzalgorithmus. Sowohl für die LS-Methoden als auch für die IV-Methode kann formal die gleiche Berechnungsvorschrift angegeben werden (/26/,/28/).

Sie wird aus der allgemeinen Schätzgleichung Gl. (A2.24, A2.25) abgeleitet.

$$\underline{\gamma}(k+1) = \underline{P}(k)\underline{w}(k+1)\left[1+\underline{\psi}^T(k+1)\underline{P}(k)\underline{w}(k+1)\right]^{-1} \tag{A3.1a}$$

$$e(k+1) = y(k+1) - \underline{\psi}^T(k+1)\,\underline{\hat{\theta}}(k) \tag{A3.1b}$$

$$\underline{\hat{\theta}}(k+1) = \underline{\hat{\theta}}(k) + \underline{\gamma}(k+1)e(k+1) \tag{A3.1c}$$

$$\underline{P}(k+1) = \frac{1}{\rho(k+1)^2}\left[\underline{P}(k) - \underline{\gamma}(k+1)\,\underline{\psi}^T(k+1)\underline{P}(k)\right] \tag{A3.1d}$$

Die jeweilige Bedeutung der einzelnen Größen in diesem Rekursivalgorithmus (A3.1 a-d) kann Tabelle A2.1 entnommen werden.

Eine wesentliche Problematik bei der Anwendung dieses Algorithmus besteht in der Vorgabe geeigneter Startwerte für $\hat{\underline{\theta}}(0)$ und $\underline{P}(0)$. Ihre Wahl beeinflußt die Konvergenz des Verfahrens wesentlich. In /28/ wird vorgeschlagen, vor Rekursionsbeginn den Parametervektor $\hat{\underline{\theta}}$ als Nullvektor zu initialisieren. Die Matrix $\underline{P}$ wird zweckmäßig in ihrer Hauptdiagonalen mit großen Werten (z.B.10^4) /34/ gefüllt. Zur Start-Einstellung des Hilfsmodells $\underline{\theta}_{HM}$ in der RIV-Methode wird z.B. empfohlen, das aus einer vorherigen RLS-Schätzung bestimmte Modell $\hat{\underline{\theta}}$ zu übernehmen. Zur Hilfsmodelladaption im Verlauf der Schätzung wird von /28/ der diskrete Tiefpaßalgorithmus

$$\underline{\theta}_{HM}(k+1) = \underline{\theta}_{HM}(k)\cdot\beta + \underline{\theta}(k-d)\cdot(1-\beta) \qquad (A3.2)$$

mit dem Filterparameter $(0 \leq \beta < 0{,}1)$ und der Totzeit d vorgeschlagen.

A3.2 Lösung der Schätzgleichung mittels orthogonaler Transformation

Die Methode der orthogonalen Transformation /27,29/ kann zur Lösung der Schätzgleichung (A2.24) der LS-Methoden (LS, 1EM...3EM) angewendet werden. Da der Berechnungsalgorithmus vom Prinzip her auf der direkten Lösungsmethode beruht, allerdings ohne daß eine Matrizeninversion notwendig wird, entfällt hierbei das Problem der Vorgabe von Startwerten wie beim Rekursionsalgorithmus.
Ausgangspunkt ist die gewichtete Schätzgleichung (A2.8). Sie wird zunächst durch Einführung einer (N,e+1)-Matrix $\underline{H}$, eines um 1 erweiterten Parametervektors $\underline{\theta}_e$ und des gewichteten Fehlervektrors $\underline{e}_z$ in kompakter Form angeschrieben.

$$\underline{e}_z = \underline{H}\cdot\underline{\theta}_e \qquad (A3.3)$$

mit
$$\underline{H} = \left[-\underline{Z}\underline{\Psi} ; \underline{Z}\,\underline{y}\right] = \left[\underline{H}_{\psi y} ; \underline{H}_{\psi u} ; \underline{H}_{\psi e} ; \underline{H}_{\psi e} ; \underline{H}_y\right] \qquad (A3.4)$$

$$\underline{\theta}^T_e = \left[\underline{\theta}^T , 1\right] \qquad (A3.5)$$

$$\underline{e}_z = \underline{Z}\,\underline{e} \qquad (A3.6)$$

Durch sukzessive Multiplikation von Gl. (A3.3) von links mit der ortho-gonalen (N,N)-Transformationsmatrix $\underline{S}$

$$\underline{S} = \begin{bmatrix} 1 & & & & & & 0 \\ & \ddots & & & & \\ & & c & \cdots & s & \cdots & \\ & & & \ddots & & \\ & & & 1 & & \\ & & & & \ddots & \\ & & s & \cdots & c & \cdots \\ & & & & & \ddots \\ 0 & & & & & & 1 \end{bmatrix} \quad \begin{array}{l} \ldots\ldots\text{Zeile i} \\ \\ \\ \\ \\ \ldots\ldots\text{Zeile j} \end{array} \tag{A3.7}$$

wobei $c^2 + s^2 = 1$ \hfill (A3.8)

wird $\underline{H}$ zunächst in eine quadratische (e+1, e+1)-Matrix mit Dreiecksform gebracht, wodurch sich deren Auflösung stark vereinfacht. Das Gütekriterium $V(\underline{\theta})$ bleibt dabei unverändert, da $\underline{S}^T\underline{S} = \underline{I}$:

$$V(\underline{\theta}) = \underline{e}^T \underline{Z}^T \underline{S}^T \underline{S} \underline{Z} \underline{e} = \underline{e}^T \underline{Z}^T \underline{Z} \underline{e} \tag{A3.9}$$

Durch die jeweilige Transformation mit $\underline{S}$ werden ausschließlich die Elemente von $\underline{H}$ in der i-ten und j-ten Zeile sowie das i-te und j-te Element von $\underline{e}_z$ verändert:

$$\mu \neq i \qquad \tilde{h}_{\mu\nu} = h_{\mu\nu} \qquad ; \quad \tilde{e}_{z\mu} = e_{z\mu}$$
$$\mu \neq j$$

$$\mu = i \qquad \tilde{h}_{i\nu} = c h_{i\nu} + s h_{j\nu}; \quad \tilde{e}_{zi} = c \cdot e_{zi} + s \cdot e_{zj} \tag{A3.10}$$

$$\mu = j \qquad \tilde{h}_{j\nu} = -s h_{i\nu} + c h_{j\nu}; \quad \tilde{e}_{zj} = -s \cdot e_{zi} + c \cdot e_{zj}$$

mit

$$\mu = 1\ldots N; \quad \nu = 1\ldots e+1$$

Damit das m-te Element in der j-ten Zeile von $\underline{H}$ zu $h_{jm} = 0$ wird, müssen c und s vor jeder Transformation zu

$$c = \frac{h_{im}}{\sqrt{h^2_{im} + h^2_{jm}}} \qquad (A3.11)$$

$$s = \frac{h_{im}}{\sqrt{h^2_{im} + h^2_{jm}}} \qquad (A3.12)$$

festgelegt werden.

Analog des Rekursivalgorithmus nach Gl. A3.1 können im Anschluß beliebig viele weitere Meßwertsätze verarbeitet werden. Es ergibt sich ein "pseudorekursiver" Algorithmus, der auch für on-line-Anwendungen geeignet ist.

Vor Hinzunahme eines neuen Meßwertsatzes zum Zeitpunkt $k > N$ wird $\underline{H}$ und $\underline{e}_z$ zunächst mit dem Gewichtungsfaktor $\rho(k-1)$ multipliziert. Der neue Meßwertsatz $\underline{\psi}^T(k)$, $y(k)$ wird anschließend der Matrix $\underline{H}$ als $(e+2)$-te Zeile angefügt (Ränderung). Die so entstandene nicht quadratische $(e+2, e+1)$-Matrix wird wiederum durch $(e+1)$-fache Anwendung der orthogonalen Transformation in Dreiecksform überführt. Nach jedem Zyklus kann das Minimum der Verlustfunktion Gl. (A2.14) zu

$$\text{Min} \left[V(\underline{\hat{\theta}}) \right]_k = e_{z(e+1)}^2 \qquad (A1.13)$$

angegeben werden. Die Elemente $e_1 \dots e_e$ sind abhängig von den Elementen des gesuchten Parametervektors $\underline{\hat{\theta}}$. Nur das letzte Element e_{e+1} von $\underline{e}_z$ ist davon unabhängig. Durch Nullsetzen der Fehler $e_1 \dots e_e$ erhält man somit ein einfach auflösbares Gleichungssystem für $\underline{\hat{\theta}}$.

Bei der Anwendung dieses Algorithmus auf die erweiterten Modellansätze (1.EM - 3.EM.Methode) sind in der Startphase besondere Maßnahmen zu treffen.

- Beim ersten Auffüllen der Matrix $\underline{H}$ werden die Untermatrixen $\underline{H}_{\psi e}$ und $\underline{H}_{\psi e'}$ mit Null initialisiert.

- Die 1. Schätzung ist damit eine LS-Schätzung. Sie erfolgt nach Einschreiben von (2n+1)Meßwertsätzen.

- Für die nachfolgenden Zeitpunkte werden die Schätzwerte e und e' entsprechend Tabelle A2.1 berechnet. Nach Anwendung der Transformations-vorschrift nehmen die zuvor mit Null initialisierten Teilmatrizen von Null verschiedene Werte an. Die Berechnung von e und e' erfolgt bis Einschreiben des (e+1)-ten Meßwertsatzes auf Basis der ersten LS-Schätzung. Erst danach und dann in jedem weiteren Schritt kann die Schätzung aller Parameter entsprechend dem gewählten Schätzansatz erfolgen.

ISW Forschung und Praxis

Berichte aus dem Institut für Steuerungstechnik der Werkzeugmaschinen und Fertigungseinrichtungen der Universität Stuttgart

Herausgegeben bis Band 57 von Prof. Dr.-Ing. G. Stute †
ab Band 58 Prof. Dr.-Ing. G. Pritschow

25   O. Klingler, Steuerung spanender Werkzeugmaschinen mit Hilfe von Grenzregeleinrichtungen (ACC), 124 S., 1979

26   L. Schenke, Auslegung einer technologisch-geometrischen Grenzregelung für die Fräsbearbeitung, 113 S., 1979

27   H. Wörn, Numerische Steuersysteme-Aufbau und Schnittstellen eines Mehrprozessorsteuersystems, 141 S., 1979

28   P. B. Osofisan, Verbesserung des Datenflusses beim fünfachsigen NC-Fräsen, 104 S., 1979

29   J. Berner, Verknüpfung fertigungstechnischer NC-Programmiersysteme, 101 S., 1979

30   K.-H. Böbel, Rechnerunterstützte Auslegung von Vorschubantrieben, 113 S., 1979

31   W. Dreher, NC-gerechte Beschreibung von Werkstücken in fertigungstechnisch orientierten Programmiersystemen, 105 S., 1980

32   R. Schurr, Rechnerunterstützte Projektsteuerung hydrostatischer Anlagen, 115 S., 1981

33   W. Sielaff, Fünfachsiges NC-Umfangfräsen verwundener Regelflächen. Beitrag zur Technologie und Teileprogrammierung, 97 S., 1981

34   J. Hesselbach, Digitale Lageregelung an numerisch gesteuerten Fertigungseinrichtungen, 111 S., 1981

35   P. Fischer, Rechnerunterstützte Erstellung von Schaltplänen am Beispiel der automatischen Hydraulikplanzeichnung, 111 S., 1981

36   U. Ackermann, Rechnerunterstützte Auswahl elektrischer Antriebe für spanende Werkzeugmaschinen, 118 S., 1981

37   W. Döttling, Flexible Fertigungssysteme – Steuerung und Überwachung des Fertigungsablaufs, 105 S., 1981

38   J. Firnau, Flexible Fertigungssysteme – Entwicklung und Erprobung eines zentralen Steuersystems, 112 S., 1982

39   A. Herrscher, Flexible Fertigungssysteme – Entwurf und Realisierung prozeßnaher Steuerungsfunktionen, 103 S., 1982

40   U. Spieth, Numerische Steuersysteme – Hardwareaufbau und Ablaufsteuerung eines Mehrprozessorsteuersystems, 115 S., 1982

41   A. Schimmele, Rechnerunterstützter Entwurf von Funktionssteuerungen für Fertigungseinrichtungen, 106 S., 1982

42   M. Sanzenbacher, NC-gerechte Beschreibung von Werkstücken mit gekrümmten Flächen, 105 S., 1982

43   W. Walter, Interaktive NC-Programmierung von Werkstücken mit gekrümmten Flächen, 112 S., 1982

44   J. Huan, Bahnregelung zur Bahnerzeugung an numerisch gesteuerten Werkzeugmaschinen, 95 S., 1982

45   H. Erne, Taktile Sensorführung für Handhabungseinrichtungen – Systematik und Auslegung der Steuerungen, 111 S., 1982

46   D. Plasch, Numerische Steuersysteme – Standardisierte Softwareschnittstellen in Mehrprozessor-Steuersystemen, 112 S., 1983

47   Z. L. Wang, NC-Programmierung – Maschinennaher Einsatz von fertigungstechnisch orientierten Programmiersystemen, 103 S., 1983

48   J. Schwager, Diagnose steuerungsexterner Fehler an Fertigungseinrichtungen, 121 S., 1983

49   P. Klemm, Strukturierung von flexiblen Bediensystemen für numerische Steuerungen, 113 S., 1984

50 W. Runge, Simulation des dynamischen Verhaltens elektrohydraulischer Schaltungen – Einsatz von geräteorientierten, universellen Simulationsbausteinen, 132 S., 1984

51 H. Steinhilber, Planung und Realisierung von Werkzeugversorgungssystemen für die NC-Bearbeitung, 126 S., 1984

52 R. Ohnheiser, Integrierte Erstellung numerischer Steuerdaten für flexible Fertigungssysteme, 115 S., 1984

53 M. Keppeler, Führungsgrößenerzeugung für numerisch bahngesteuerte Industrieroboter, 125 S., 1984

54 P. Kohler, Automatisiertes Messen mit NC-Werkzeugmaschinen, 129 S., 1985

55 K.-H. Rieger, Rechnerunterstützte Projektierung der Hardware und Software von speicherprogrammierten Steuerungen, 123 S., 1985

56 G. Vogt, Digitale Regelung von Asynchronmotoren für numerisch gesteuerte Fertigungseinrichtungen, 126 S., 1985

57 S. Chmielnicki, Flexible Fertigungssysteme – Simulation der Prozesse als Hilfsmittel zur Planung und zum Test von Steuerprogrammen, 120 S., 1985

58 W. Renn, Struktur und Aufbau prozeßnaher Steuergeräte zur Verkettung in flexiblen Fertigungssystemen, 137 S., 1986

59 K. Harig, Quantisierung im Lageregelkreis numerisch gesteuerter Fertigungseinrichtungen, 113 S., 1986

60 H. Frank, Programmier- und Überwachungsfunktionen für teileartbezogene NC-Werkzeugmaschinen, 115 S., 1986

61 H. Möller, Integrierte Überwachungs- und Diagnose-Systeme für numerische Steuerungen, 131 S., 1986

62 H. Fink, Einsatz speicherprogrammierbarer Steuerungen in der Fertigungstechnik, 126 S., 1986

63 J. Fleckenstein, Zustandsgraphen für SPS – Grafikunterstützte Programmierung und steuerungsunabhängige Darstellung, 139 S., 1987

64 E. Wagner, Steuerungen von Koordinatenmeßgeräten mit schaltenden und messenden Tastsystemen, 133 S., 1987

65 W. Grimm, Diagnosesystem für steuerungsperiphere Fehler an Fertigungseinrichtungen, 143 S., 1987

66 W. Swoboda, Digitale Lageregelung für Maschinen mit schwach gedämpften schwingungsfähigen Bewegungsachsen, 141 S., 1987

67 G. Gruhler, Sensorgeführte Programmierung bahngesteuerter Industrieroboter, 119 S., 1987

68 B. Walker, Konfigurierbarer Funktionsblock Geometriedatenverarbeitung für numerische Steuerungen, 125 S., 1987

69 J. Mayer, Werkzeugorganisation für flexible Fertigungszellen und -systeme, 126 S., 1988

70 R. Lederer, Programmierung von NC-Drehmaschinen mit mehreren Werkzeugschlitten, 120 S., 1988

71 G. Häberle, NC-Musterprogrammierung für die rechnerintegrierte Textilfertigung, 127 S., 1988

72 D. Pfeiffer, Kompensation thermisch bedingter Bearbeitungsfehler durch prozeßnahe Qualitätsregelung 135 S., 1988

73 W. Schmidt, Grafikunterstütztes Simulationssystem für komplexe Bearbeitungsvorgänge in numerischen Steuerungen, 141 S., 1988

74 M. Egner, Hochdynamische Lageregelung mit elektrohydraulischen Antrieben, 147 S., 1988

75   W. Schittenhelm, Konfigurierbares Bedienungssystem für Steuerungen an Fertigungseinrichtungen, 136. S., 1988

76   D. Scheifele, Grafisch dynamische Simulation des Bearbeitungsvorgangs für
Doppelschlittendrehmaschinen, 121 S., 1988

77   G. Keuper, Automatisierte Identifikation der Streckenparameter servohydraulischer
Vorschubantriebe, 152 S., 1989